曾公子 ◎编著

AI
数据处理实战
108 招

ChatGPT + Excel + VBA

清华大学出版社
北京

内容简介

本书通过7个专题内容、108个实用技巧，讲解了如何运用ChatGPT结合办公软件Excel和VBA代码实现AI办公智能化、高效化。随书附赠了108集同步教学视频、170多个素材效果、80多个关键词和33个VBA代码等。具体内容由以下两条线展开。

一是技能线：详细讲解了ChatGPT的基本操作、问答方式和指令用法，包括用ChatGPT结合Excel和VBA功能编写公式、代码，以及筛选、检查、提取、分列、排序、整理和分析等用AI技术处理表格数据的实用技巧。

二是案例线：具体安排了用AI编码实现分组求和、统计销量、统计销售额、统计重复项、计算工资补贴、计算时间差、计算年龄、计算奖金、判断性别、提取职称、多表排序、隐藏数字、转置数据、批量插入图片、隔行插入空行、创建可视化图表、一对多查询和多对一查询等实例，帮助大家更加高效地处理表格数据。

本书适合想深入学习Excel的工作人员，特别是AI结合VBA应用的人员，也可作为相关专业的教材或教辅用书。

图书在版编目（CIP）数据

AI数据处理实战108招：ChatGPT+Excel+VBA / 曾公子编著. — 北京：清华大学出版社，2024.3
ISBN 978-7-302-65897-9

Ⅰ.①A… Ⅱ.①曾… Ⅲ.①人工智能－应用－办公自动化 Ⅳ.①TP317.1

中国国家版本馆CIP数据核字（2024）第065183号

责任编辑：贾旭龙
封面设计：秦　丽
版式设计：文森时代
责任校对：马军令
责任印制：刘海龙

出版发行：清华大学出版社
    网　　址：https://www.tup.com.cn，https://www.wqxuetang.com
    地　　址：北京清华大学学研大厦A座   邮　　编：100084
    社 总 机：010-83470000   邮　　购：010-62786544
    投稿与读者服务：010-62776969，c-service@tup.tsinghua.edu.cn
    质 量 反 馈：010-62772015，zhiliang@tup.tsinghua.edu.cn
印 装 者：小森印刷（北京）有限公司
经　　销：全国新华书店
开　　本：185mm×260mm 印　　张：14 字　　数：269千字
版　　次：2024年5月第1版 印　　次：2024年5月第1次印刷
定　　价：89.80元

产品编号：103496-01

PREFACE

前言

本书是一本关于利用人工智能（artificial intelligence，AI）技术进行数据处理的实用指南。虽然市面上已经有多种关于智能办公方面的书籍，但真正针对与 AI 技术结合使用案例的图书少之又少。秉承着主动识变、应变求变和科技兴邦等精神，我们编写了《AI 数据处理实战 108 招：ChatGPT + Excel + VBA》一书，致力于为读者提供一种全新的学习和工作方式，使大家能够更好地适应时代发展的需要。

本书通过使用 ChatGPT、Excel 和 Excel 中的 VBA 功能介绍了 108 个实用技巧，涵盖了用 AI 技术进行数据处理的方方面面，这些技巧包括数据处理、数据分析、数据运算、数据可视化和 VBA 代码自动编写等，旨在帮助读者提高数据处理的效率和准确率，从而更好地应用 AI 技术解决实际问题。

综合来看，本书有以下 5 个亮点。

（1）强强结合。本书利用 ChatGPT 结合 Excel 和 VBA 功能，总结实际工作中的经验，内容丰富，讲解详细，为读者提供了一系列实用的技巧和方法。这种强强结合的组合使得读者能够充分利用 AI 技术，提高工作效率和质量。

（2）实战干货。本书提供了 108 个实用的技巧和实例，涵盖了从正确使用 ChatGPT、用 ChatGPT 编写 Excel 函数公式、用 ChatGPT 处理表格数据到用 ChatGPT 编写 VBA 计算代码和 VBA 处理数据代码等各个方面的内容。这些实战干货可以帮助读者快速掌握 AI 智能办公的核心技能，并将其应用到实际工作场景中。

（3）视频教学。本书操作性强，每一个案例都录制了同步的高清教学视频，共 108 集。大家可以用手机扫码，边看边学，边学边用。

（4）物超所值。本书针对每个技巧提供了详细的操作步骤，并辅以 510 多张彩插图解实例操作过程，还附赠了与案例同步的 170 多个素材效果、80 多个指令关键词和 33 个 VBA 代码，方便读者实战操作练习，提高办公效率。

（5）适应性强。本书适用于各个层次的数据处理人员，无论是初学者还是有经验的专业人士，都可以从中受益。

本书内容高度凝练，由浅入深，以实战为核心，希望本书能够给予读者一定的帮助。

特别提示：本书在编写时，所选插图是基于办公软件 Microsoft Office 365 版的 Excel 界面和 ChatGPT 3.5 的界面截取的实际操作图片。但图书从编辑到出版需要一段时间，在此期间，这些软件的功能和界面可能会有变动。请在阅读时，根据书中的思路，举一反三，进行学习。还需要注意的是，即使是相同的关键词，ChatGPT 每次的回复也会有差别，因此在扫码观看教程视频时，读者应把更多的精力放在 ChatGPT 指令关键词的编写和实操步骤上。

特别提醒：尽管 ChatGPT 具备强大的模拟人类对话的能力，但由于其是基于机器学习的模型，因此在生成的文案中仍然会存在一些语法错误，读者需根据自身需求对文案进行适当修改或再加工后方可使用。

本书由曾公子编著，参与编写的人员还有刘华敏，在此表示感谢。由于作者知识水平有限，书中难免有疏漏之处，恳请广大读者批评、指正。

编　者
2024 年 2 月

目录
CONTENTS

第 7 章 综合实战：制作员工工资查询表 ················· 202

第1章

AI 助手：
正确使用 ChatGPT

学习提示

　　AI 助手是指基于人工智能技术，能够人机交互、为用户提供各种服务和帮助的虚拟助手。ChatGPT 便是这样一款能够实现人机交互的 AI 工具。ChatGPT 具体有什么作用？该如何使用它呢？本章就来带领大家认识一下它。

本章重点导航

◇ 掌握 ChatGPT 的基本操作

◇ 正确向 ChatGPT 提问

◇ 用 ChatGPT 学习 Excel 中的常用操作

1.1 掌握 ChatGPT 的基本操作

ChatGPT 是一款基于 AI 技术的聊天机器人，它可以模仿人类的语言行为，实现人机之间的自然语言交互。ChatGPT 不仅可以互动问答，还可以通过自动化和优化流程来提高办公效率，帮助用户解决 Excel 数据处理中的各种难题，如编写 Excel 函数公式、创建表格、检查纠错以及分析项目数据等。

本节将详细介绍 ChatGPT 的主要功能、聊天窗口、换行操作和改写命令操作，帮助大家尽快熟悉 ChatGPT 并掌握其基本操作。

001 掌握 ChatGPT 的主要功能

ChatGPT 的主要功能是进行自然语言处理和生成，包括文本自动摘要、文本分类、对话生成、文本翻译、语音识别以及语音合成等。ChatGPT 可以接收文本、语音等形式的输入，然后对其进行语言理解、分析和处理，最终生成相应的输出结果。

ChatGPT 基于深度学习和自然语言处理等技术，它采用类似于神经网络的模型进行训练和推理，模拟人类的语言处理和生成能力，可以处理大规模的自然语言数据，生成质量高、连贯性强的语言模型，具有广泛的应用前景。

要使用 ChatGPT，首先要注册一个 OpenAI 账号。登录 ChatGPT 后，将会打开一个聊天窗口，在此用户可以输入任何问题或话题，ChatGPT 将尝试回答并提供与主题有关的信息。

下面介绍在 ChatGPT 中初步生成内容的操作方法。

步骤 01 打开 ChatGPT 的聊天窗口，单击底部的输入框，如图 1-1 所示。

图 1-1

步骤 02 在输入框中输入相应的关键词或指令，例如"与 Excel 结合使用，你可以做些什么？"，如图 1-2 所示。

图 1-2

步骤 03 单击输入框右侧的发送按钮 ▶ 或按 Enter 键，即可与 ChatGPT 开始对话。ChatGPT 会根据要求进行回复，向用户反馈它可以提供的功能和帮助，如图 1-3 所示。

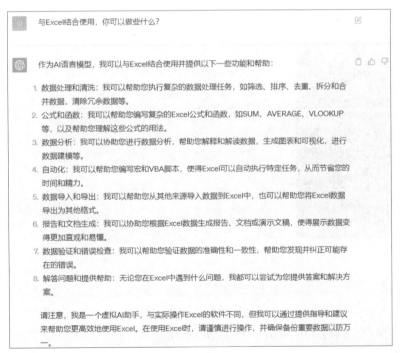

图 1-3

002 管理 ChatGPT 的聊天窗口

在 ChatGPT 中，建立的聊天窗口会自动保存在左侧的聊天窗口列

扫码观看教学视频

表中，用户可以对聊天窗口进行新建、重命名以及删除等管理操作，具体操作方法如下。

步骤 01 打开 ChatGPT 并进入一个使用过的聊天窗口，在左上角单击 New chat
（新的聊天窗口）按钮，如图 1-4 所示。执行操作后，即可新建一个聊天窗口。

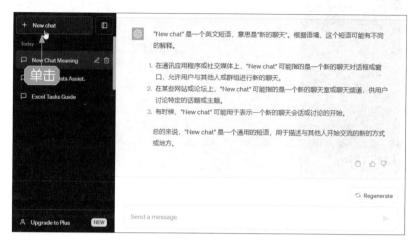

图 1-4

步骤 02 选择聊天窗口，单击 ✎ 按钮，如图 1-5 所示。

图 1-5

步骤 03 执行操作后，即可呈现编辑文本框，在文本框中可以修改名称，如图 1-6
所示。

步骤 04 单击 ✔ 按钮，即可完成聊天窗口的重命名操作。接下来，单击 🗑 按钮，
如图 1-7 所示。

步骤 05 执行操作后，弹出 Delete chat？（删除聊天吗？）对话框，询问用
户是否删除创建的聊天窗口，❶ 如果确认删除聊天窗口，则单击 Delete（删除）按钮；
❷ 如果不想删除聊天窗口，则单击 Cancel（取消）按钮，如图 1-8 所示。

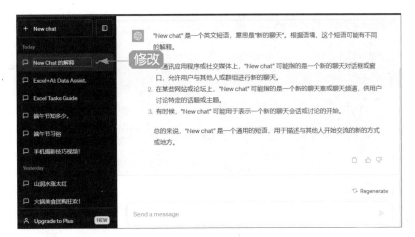

图 1-6

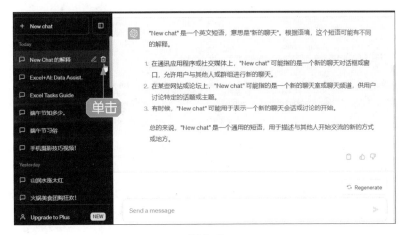

图 1-7

图 1-8

专家指点

　　当用户对 ChatGPT 生成的回复不满意时，可以单击 Regenerate response（重新生成）按钮，重新生成回复内容。

　　当用户对 ChatGPT 当前回复的内容存疑时，可以单击 Stop generating（停止生成）按钮，停止生成回复内容。

003 掌握 ChatGPT 的换行操作

扫码观看教学视频

在 ChatGPT 的输入框中输入内容时，可以对其分段、分行，具体操作方法如下。

步骤 01 打开 ChatGPT 的聊天窗口，在输入框中输入第 1 行信息内容"以 Excel 表格的形式，对以下内容进行分类："，如图 1-9 所示。

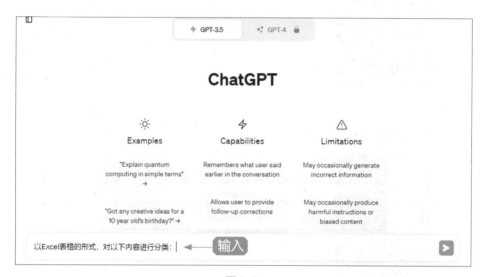

图 1-9

步骤 02 执行操作后，按 Shift + Enter 快捷键即可换行，然后输入其他内容"苹果、绿萝、香蕉、黄瓜、生菜、玫瑰、辣椒"，如图 1-10 所示。

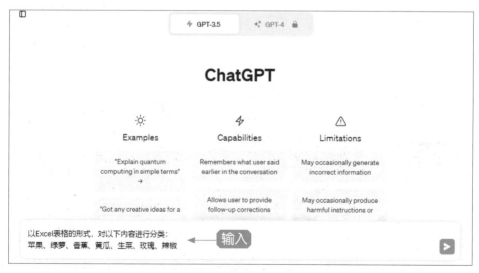

图 1-10

步骤 03 按 Enter 键发送，ChatGPT 即可根据内容进行回复，如图 1-11 所示。

图 1-11

004 掌握 ChatGPT 的改写操作

扫码观看教学视频

当向 ChatGPT 发送的指令或关键词有误或者不够精准时，可以对已发送的信息进行改写，具体操作如下。

步骤 01 以例 003 为例，在聊天窗口中，单击已发送信息右侧的✍按钮，如图 1-12 所示。

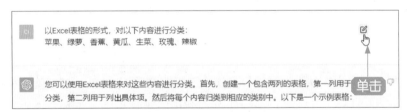

图 1-12

步骤 02 执行操作后，即可对内容进行改写，❶把 "以 Excel 表格的形式，对以下内容进行分类："改为 "将以下内容以表格的形式进行分类："；❷单击 Save&Submit（保存并提交）按钮，如图 1-13 所示。

图 1-13

步骤 03 执行操作后，ChatGPT 即可根据内容重新回复，同时发送的内容下方会生成页码，如图 1-14 所示。保存改写前后的内容，用户通过翻页可以进行查看。

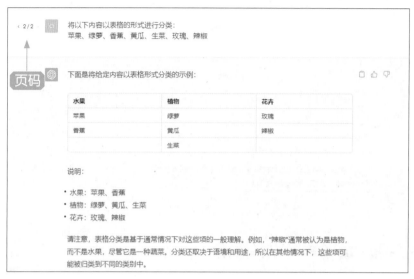

图 1-14

1.2 正确向 ChatGPT 提问

学完 1.1 节的内容，相信大家已经掌握了使用 ChatGPT 的基本操作方法。ChatGPT 是一个语言模型，只要用户发送自己的所需所想，ChatGPT 就会根据发送的问题进行回复。如果用户想要 ChatGPT 的回复内容更加精准、更加符合自己的需求，便需要多加注意正确的提问方式，以便可以更好地使用 ChatGPT。

005 准确描述数据处理需求

扫码观看教学视频

在向 ChatGPT 提问时，要准确、清晰地描述在 Excel 中需要完成的具体任务或需求。具体、明确的提问有助于 ChatGPT 理解用户的意图，并给出准确的答案。

例如，当用户需要在 Excel 工作表中创建一个可以显示销售数据和趋势的折线图时，如果直接向 ChatGPT 提问"在 Excel 中如何创建折线图？"，ChatGPT 会给出一个比较笼统的回复，且回复的操作步骤并不完全正确，如图 1-15 所示。

如果使用清晰的语言，指明需要什么类型的操作或分析，准确地向 ChatGPT 描述"如何在 Excel 中创建一个折线图以显示销售数据和销售趋势？"，ChatGPT 则会给出更加精准的答复，操作描述也更加详细，如图 1-16 所示。

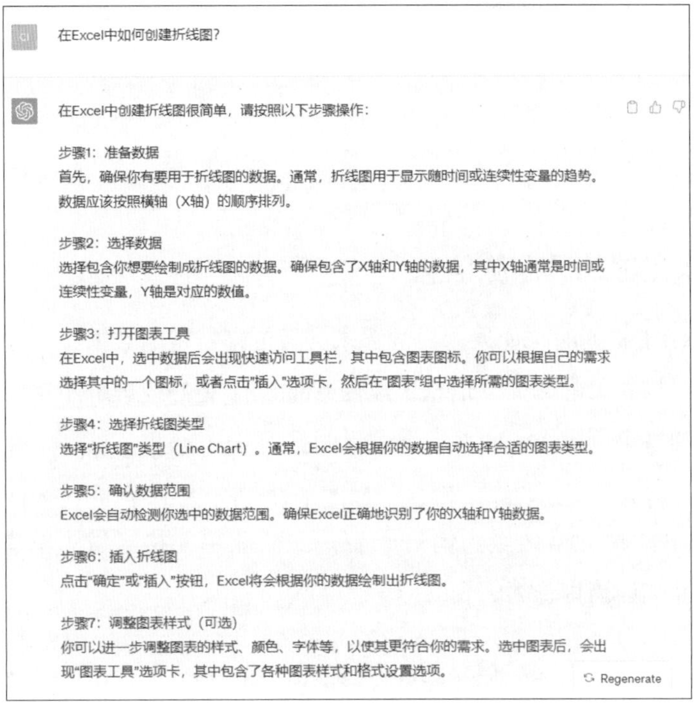

在Excel中如何创建折线图？

在Excel中创建折线图很简单，请按照以下步骤操作：

步骤1：准备数据
首先，确保你有要用于折线图的数据。通常，折线图用于显示随时间或连续性变量的趋势。数据应该按照横轴（X轴）的顺序排列。

步骤2：选择数据
选择包含你想要绘制成折线图的数据。确保包含了X轴和Y轴的数据，其中X轴通常是时间或连续性变量，Y轴是对应的数值。

步骤3：打开图表工具
在Excel中，选中数据后会出现快速访问工具栏，其中包含图表图标。你可以根据自己的需求选择其中的一个图标，或者点击"插入"选项卡，然后在"图表"组中选择所需的图表类型。

步骤4：选择折线图类型
选择"折线图"类型（Line Chart）。通常，Excel会根据你的数据自动选择合适的图表类型。

步骤5：确认数据范围
Excel会自动检测你选中的数据范围。确保Excel正确地识别了你的X轴和Y轴数据。

步骤6：插入折线图
点击"确定"或"插入"按钮，Excel将会根据你的数据绘制出折线图。

步骤7：调整图表样式（可选）
你可以进一步调整图表的样式、颜色、字体等，以使其更符合你的需求。选中图表后，会出现"图表工具"选项卡，其中包含了各种图表样式和格式设置选项。

Regenerate

图 1-15

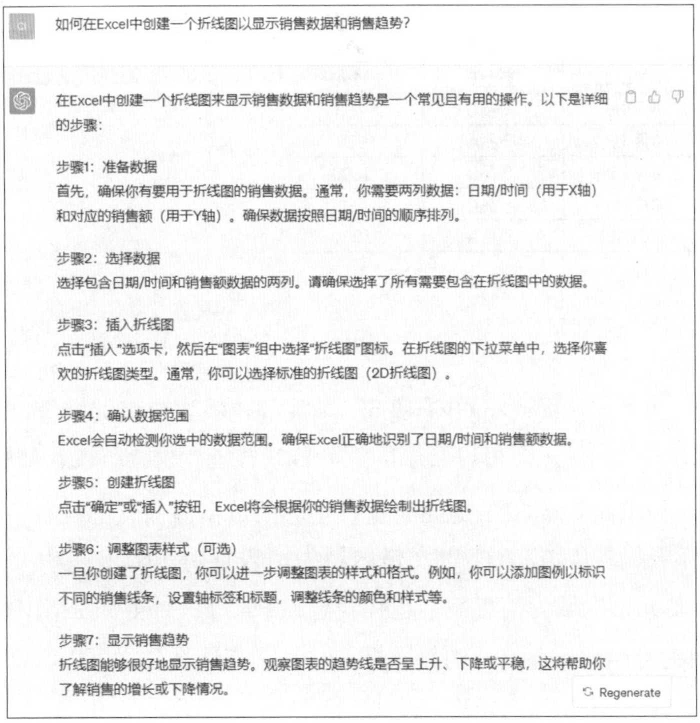

如何在Excel中创建一个折线图以显示销售数据和销售趋势？

在Excel中创建一个折线图来显示销售数据和销售趋势是一个常见且有用的操作。以下是详细的步骤：

步骤1：准备数据
首先，确保你有要用于折线图的销售数据。通常，你需要两列数据：日期/时间（用于X轴）和对应的销售额（用于Y轴）。确保数据按照日期/时间的顺序排列。

步骤2：选择数据
选择包含日期/时间和销售额数据的两列。请确保选择了所有需要包含在折线图中的数据。

步骤3：插入折线图
点击"插入"选项卡，然后在"图表"组中选择"折线图"图标。在折线图的下拉菜单中，选择你喜欢的折线图类型。通常，你可以选择标准的折线图（2D折线图）。

步骤4：确认数据范围
Excel会自动检测你选中的数据范围。确保Excel正确地识别了日期/时间和销售额数据。

步骤5：创建折线图
点击"确定"或"插入"按钮，Excel将会根据你的销售数据绘制出折线图。

步骤6：调整图表样式（可选）
一旦你创建了折线图，你可以进一步调整图表的样式和格式。例如，你可以添加图例以标识不同的销售线条，设置轴标签和标题，调整线条的颜色和样式等。

步骤7：显示销售趋势
折线图能够很好地显示销售趋势。观察图表的趋势线是否呈上升、下降或平稳，这将帮助你了解销售的增长或下降情况。

Regenerate

图 1-16

步骤8：更新数据

如果你的销售数据在后续时间里会发生变化，只需更新原始数据区域，然后右键点击图表，
选择"数据范围"，重新选择更新后的数据范围即可更新折线图。

以上就是在Excel中创建折线图以显示销售数据和销售趋势的步骤。希望对你有所帮助！

↻ Regenerate

图 1-16（续）

006 提供足够的数据源信息

扫码观看教学视频

在向 ChatGPT 提问时，如果用户的需求涉及处理特定的数据源或
数据表，务必提供相关的数据源信息，以便 ChatGPT 更好地理解用户
的问题。下面通过实例操作，向大家举例说明。

步骤 01 打开一个 Excel 工作表，如图 1-17 所示。其中，A2:A11 单元格区域为
销售日期，B2:B11 单元格区域为销售产品，C2:C11 单元格区域为销售额，需要在 F
列根据销售产品统计销售总额。

	A	B	C	D	E	F
1	销售日期	销售产品	销售额		销售产品	销售总额
2	8月1日	产品A	1000		产品A	
3	8月2日	产品B	1200		产品B	
4	8月3日	产品C	800		产品C	
5	8月4日	产品A	900			
6	8月5日	产品B	1100			
7	8月6日	产品C	750			
8	8月7日	产品A	950			
9	8月8日	产品B	1300			
10	8月9日	产品C	850			
11	8月10日	产品A	1050			
12						
13						

图 1-17

步骤 02 如果直接向 ChatGPT 提问"在 Excel 中如何根据销售产品计算销售总
额？"，ChatGPT 会回复一个可以套用的计算公式并进行公式解说，如图 1-18 所示。

步骤 03 如果向 ChatGPT 提问时提供足够的数据源信息"我有一个包含销售数
据的 Excel 工作表，其中 A2:A11 单元格区域为销售日期，B2:B11 单元格区域为销售
产品，C2:C11 单元格区域为销售额。现在我想在 F2、F3、F4 单元格中根据 E2、E3、
E4 单元格中的销售产品计算这些销售数据的总和，有什么公式可以帮助我实现？"，
ChatGPT 则会直接给出公式，如图 1-19 所示。

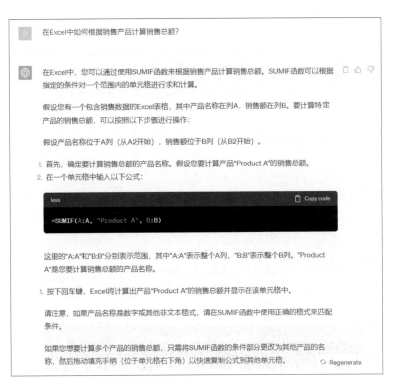

图 1-18

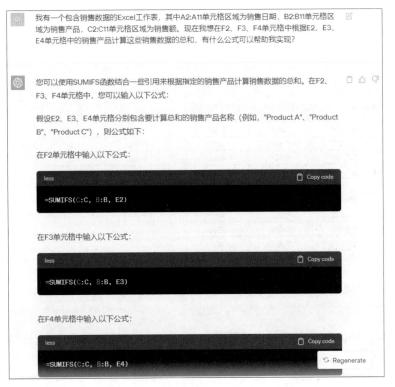

图 1-19

这里的"C:C"表示销售额范围，即整个C列。"B:B"是条件范围，即整个B列，它用来匹配销售产品。E2、E3、E4分别是您输入的销售产品名称，用来确定要计算销售额的产品。

然后按下回车键，Excel将根据相应的销售产品计算销售数据的总和，并显示在F2、F3、F4单元格中。

如果您想要计算其他销售产品的销售数据总和，只需将公式中的E2、E3、E4更改为相应的销售产品名称即可。

希望这可以帮助您根据销售产品计算销售数据的总和。

图 1-19 （续）

步骤 **04** 在第 1 个公式右上方单击 Copy code（复制代码）按钮，如图 1-20 所示。

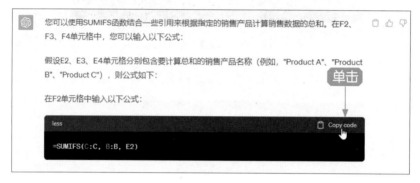

您可以使用SUMIFS函数结合一些引用来根据指定的销售产品计算销售数据的总和。在F2、F3、F4单元格中，您可以输入以下公式：

假设E2、E3、E4单元格分别包含要计算总和的销售产品名称（例如，"Product A"、"Product B"、"Product C"），则公式如下：

在F2单元格中输入以下公式：

```less
=SUMIFS(C:C, B:B, E2)
```

单击

图 1-20

步骤 **05** 返回 Excel 工作表，在 F2 单元格中按 Ctrl ＋ V 快捷键粘贴，即可直接计算出产品 A 的销售总额，如图 1-21 所示。

	A	B	C	D	E	F	G
					F2 ＝SUMIFS(C:C, B:B, E2)		
1	销售日期	销售产品	销售额		销售产品	销售总额	
2	8月1日	产品A	1000		产品A	3900	
3	8月2日	产品B	1200		产品B		(Ctrl) ▾
4	8月3日	产品C	800		产品C		
5	8月4日	产品A	900			计算	
6	8月5日	产品B	1100				
7	8月6日	产品C	750				
8	8月7日	产品A	950				
9	8月8日	产品B	1300				
10	8月9日	产品C	850				
11	8月10日	产品A	1050				
12							
13							

图 1-21

步骤 **06** 用同样的方法，复制公式并粘贴在 F3、F4 单元格中，计算产品 B 和产品 C 的销售总额，如图 1-22 所示。

图 1-22

007 通过模拟案例获取操作指引

扫码观看教学视频

当用户不方便提供数据源时，为了让 ChatGPT 更好地理解问题，可以提供一个具体的模拟案例，并描述所需要的结果，以此获取 ChatGPT 的答复。下面介绍具体的操作方法。

步骤 01 打开一个 ChatGPT 的聊天窗口，在输入框中输入指令"假设我有一个包含学生考试成绩的 Excel 表格，现在我想计算每个学生的平均成绩。例如，表格中的数据如下（尽量将行列对齐）：

学生姓名	数学成绩	英语成绩	物理成绩
张三	80	75	90
李四	70	85	80
王五	85	90	70

请问，有什么公式可以帮我计算每个学生的平均成绩？"，如图 1-23 所示。

图 1-23

步骤 02 稍等片刻，ChatGPT 即可根据模拟案例给出操作指引，如图 1-24 所示。用户可以参考 ChatGPT 的回复，处理自己的表格数据。

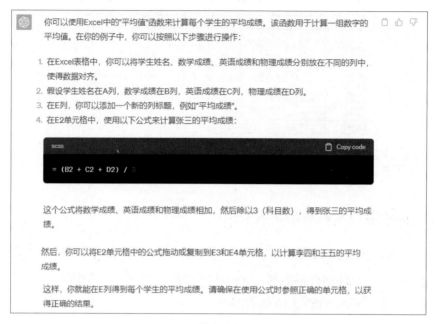

图 1-24

008 引用具体函数或功能

扫码观看教学视频

在向 ChatGPT 提问时，可以在问题中引用具体的 Excel 函数或功能名称，有助于 ChatGPT 的回复更加准确、更符合用户的预期。下面介绍具体的操作方法。

步骤 01 打开一个 ChatGPT 的聊天窗口，在输入框中输入指令时引用函数 "如何使用 VLOOKUP 函数查找数据？"，如图 1-25 所示。

图 1-25

步骤 02 稍等片刻，ChatGPT 即可准确回复与引用函数相关的内容，如图 1-26 所示。

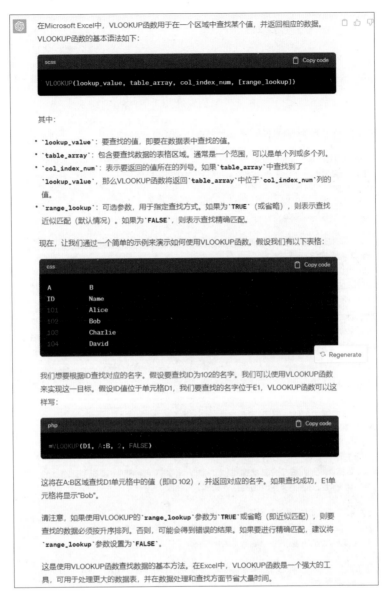

图 1-26

步骤 03 接下来在提问时引用功能"如何制作一个带数据透视图的动态图表？"，ChatGPT 即可回复相应的操作步骤，如图 1-27 所示。

009 尊重 ChatGPT 的局限性

扫码观看教学视频

ChatGPT 是一个基于语言模型的处理工具，它有着一定的局限性。如果 ChatGPT 无法回答用户的问题，回复问题的过程中出现了停顿，没有回复完整，或者给出了错误的答案，可能是因为模型的知识范围有限，此时不要过于着急。

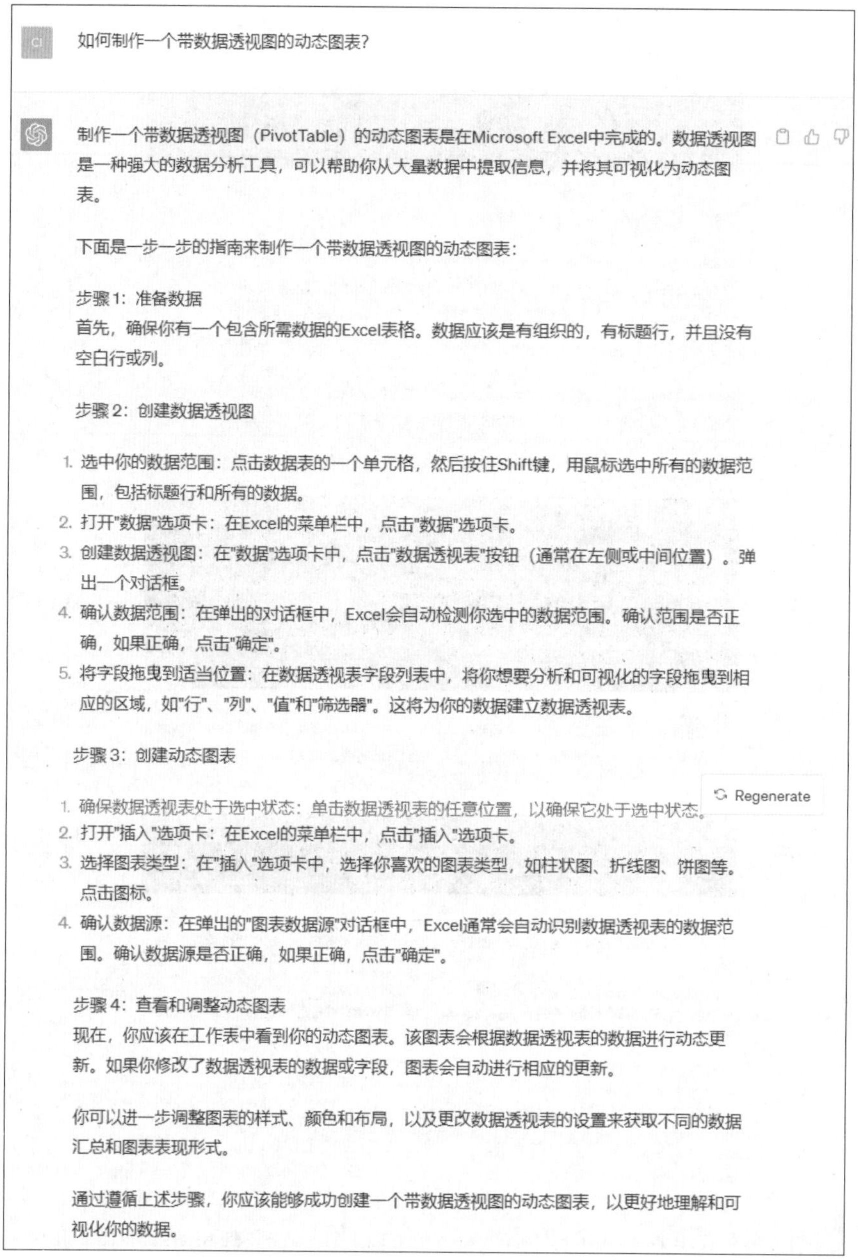

如何制作一个带数据透视图的动态图表?

制作一个带数据透视图（PivotTable）的动态图表是在Microsoft Excel中完成的。数据透视图是一种强大的数据分析工具，可以帮助你从大量数据中提取信息，并将其可视化为动态图表。

下面是一步一步的指南来制作一个带数据透视图的动态图表：

步骤 1：准备数据
首先，确保你有一个包含所需数据的Excel表格。数据应该是有组织的，有标题行，并且没有空白行或列。

步骤 2：创建数据透视图

1. 选中你的数据范围：点击数据表的一个单元格，然后按住Shift键，用鼠标选中所有的数据范围，包括标题行和所有的数据。
2. 打开"数据"选项卡：在Excel的菜单栏中，点击"数据"选项卡。
3. 创建数据透视图：在"数据"选项卡中，点击"数据透视表"按钮（通常在左侧或中间位置）。弹出一个对话框。
4. 确认数据范围：在弹出的对话框中，Excel会自动检测你选中的数据范围。确认范围是否正确，如果正确，点击"确定"。
5. 将字段拖曳到适当位置：在数据透视表字段列表中，将你想要分析和可视化的字段拖曳到相应的区域，如"行"、"列"、"值"和"筛选器"。这将为你的数据建立数据透视表。

步骤 3：创建动态图表

1. 确保数据透视表处于选中状态：单击数据透视表的任意位置，以确保它处于选中状态。
2. 打开"插入"选项卡：在Excel的菜单栏中，点击"插入"选项卡。
3. 选择图表类型：在"插入"选项卡中，选择你喜欢的图表类型，如柱状图、折线图、饼图等。点击图标。
4. 确认数据源：在弹出的"图表数据源"对话框中，Excel通常会自动识别数据透视表的数据范围。确认数据源是否正确，如果正确，点击"确定"。

步骤 4：查看和调整动态图表
现在，你应该在工作表中看到你的动态图表。该图表会根据数据透视表的数据进行动态更新。如果你修改了数据透视表的数据或字段，图表会自动进行相应的更新。

你可以进一步调整图表的样式、颜色和布局，以及更改数据透视表的设置来获取不同的数据汇总和图表表现形式。

通过遵循上述步骤，你应该能够成功创建一个带数据透视图的动态图表，以更好地理解和可视化你的数据。

Regenerate

图 1-27

例如，向 ChatGPT 提问“在 Excel 中，如何使用历史数据进行时间序列预测？”，ChatGPT 可能无法回复完整的信息，如图 1-28 所示。

针对以上可能会出现的限制现象，用户首先要做到在提问时尽量提问 ChatGPT 可能具备回答能力的问题，其次可以通过修改指令、新建聊天窗口以及单击 Regenerate 按钮重新生成回复等操作，多尝试几遍。

图 1-28

010 训练 ChatGPT 的回复机制

扫码观看教学视频

在向 ChatGPT 获取回复内容时，用户可以逐步引导 ChatGPT 给出更符合预期的回答，还可以通过向 ChatGPT 提供相关信息或在问题中加入明确的提示，训练 ChatGPT 的回复机制。

例如，向 ChatGPT 发送指令"我有一个包含销售数据的 Excel 表格，我想创建一个柱状图来显示每个销售代表的销售额，要求用'步骤 1、……；步骤 2、……；步骤 3、……'这样的格式告诉我该如何操作"，ChatGPT 即可根据要求格式进行回复，如图 1-29 所示。

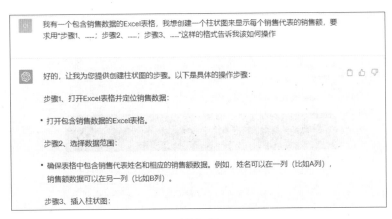

图 1-29

- 选中包含销售代表姓名和销售额数据的所有单元格范围。这样，在我们的示例中，你会选择A列和B列的所有数据。
- 在Excel菜单栏中选择"插入"选项卡，然后在"图表"组中选择"柱形图"图标。在柱形图下拉菜单中，选择所需的柱状图类型（比如普通柱形图）。

步骤4、调整图表：

- 一旦柱状图被创建，您可能需要对其进行一些调整，以便更清晰地表达销售数据。
- 可以右键单击图表，选择"编辑数据"，来更改销售代表的名称和销售额数据。
- 通过右键单击柱状图上的元素，比如柱子和坐标轴，可以进一步调整柱状图的外观和布局。
- 通过菜单栏中的"设计"选项卡，可以对图表的样式进行更多设置，例如修改颜色和添加数据标签等。

步骤5、添加图表标题和标签：

- 确保为您的柱状图添加一个清晰的标题，用于描述图表的内容。
- 可以添加数据标签来显示每个柱子对应的具体销售额数值，使图表更加直观。

步骤6、保存和分享：

- 一旦您满意柱状图的外观和内容，记得保存Excel文件，以便将来查看或分享给他人。

希望以上步骤对您有所帮助，成功创建您的销售额柱状图！如果您在操作中遇到了问题或需要进一步帮助，请随时向我询问。

图 1-29（续）

011 根据上文追问或补充描述

扫码观看教学视频

如果 ChatGPT 给出的回答不够详细或没有完全解决用户提出的问题，可以在后续提问中引用之前的对话内容，以便 ChatGPT 能够更好地理解用户的需求，并继续为用户提供帮助。下面介绍具体的操作方法。

步骤 01 在 ChatGPT 的聊天窗口中，向 ChatGPT 发送指令"假设我的 Excel 表格中学生姓名存储在 A2:A9 单元格区域，各科成绩存储在 B2:D9 单元格区域，有什么公式可以帮助我计算每个学生的平均成绩？"，ChatGPT 的回复如图 1-30 所示。

假设我的Excel表格中学生姓名存储在A2:A9单元格区域，各科成绩存储在B2:D9单元格区域，有什么公式可以帮助我计算每个学生的平均成绩？

要计算每个学生的平均成绩，你可以使用Excel的平均函数（AVERAGE）。这个函数可以帮助你找到一列或一行数字的平均值。在你的情况下，每个学生的成绩存储在B2:D9单元格区域，你可以使用以下公式来计算每个学生的平均成绩：

假设学生姓名存储在A列，各科成绩存储在B、C、D列，计算平均成绩的公式可以放在E列。具体操作如下：

首先，在E2单元格中输入以下公式：

```scss
=AVERAGE(B2:D2)
```

然后，将E2单元格的内容复制（或拖动）到E3:E9单元格，以计算其他学生的平均成绩。

这样，每个学生的平均成绩就会显示在E列中，分别对应其在B、C、D列的科目成绩的平均值。

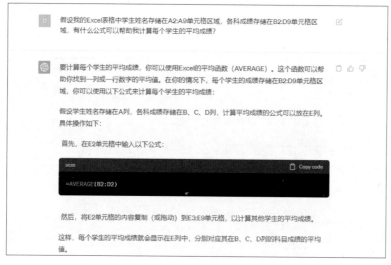

图 1-30

步骤 **02** 继续向 ChatGPT 进行追问"用什么方法可以快速找出每个学生哪科成绩最差？"，ChatGPT 即可根据之前的对话内容进行回复，如图 1-31 所示。

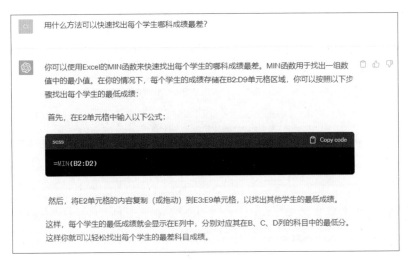

图 1-31

012 给 ChatGPT 定义角色身份

扫码观看教学视频

在向 ChatGPT 提问时，可以明确告诉 ChatGPT 用户自己的角色或背景，也可以给 ChatGPT 定义一个角色身份，以便 ChatGPT 可以更好地为用户提供针对性的答案。下面介绍具体的操作方法。

步骤 **01** 在 ChatGPT 的聊天窗口中，向 ChatGPT 明确自己的角色"我是一名人事经理，需要在一个月内招 20 个人就职，同时我还需要负责面试和培训，要求以表格的形式制作一个计划表"，ChatGPT 将会以第二人称进行回复，如图 1-32 所示。

图 1-32

第2周 第4天	进行面试	面试候选人并评估其资质	人事招聘团队
第3周 第1天	发送录用通知	与选定的候选人确认录用	人事经理
第3周 第2天	进行背景调查和参考检查	确认候选人的背景和资格	人事招聘团队
第3周 第3天	安排入职手续和培训计划	协助新员工完成入职手续	人事经理
第3周 第4天	新员工培训	进行入职培训	培训师
第4周 第1天	新员工岗位上岗	新员工正式开始工作	部门经理
第4周 第2-4天	跟进培训效果并进行必要调整	确保新员工适应工作环境	人事经理、培训师
第4周 第5天	招聘计划总结和反馈	总结招聘过程，收集员工反馈	人事经理

在制定这个计划表时，务必要考虑实际情况和可能出现的延迟因素。同时，在招聘过程中，你可能还需要与其他团队协调合作，比如与部门经理确定岗位需求，与培训师协商培训计划等。及时沟通和协调是确保计划顺利执行的关键。

图 1-32（续）

步骤 02 接下来，定义 ChatGPT 的角色身份“你是一名销售经理并精通 Excel 表格制作，你会如何在 Excel 中创建销售数据的透视表以便分析销售趋势？”，ChatGPT 将会以第一人称进行回复，如图 1-33 所示。

你是一名销售经理并精通Excel表格制作，你会如何在Excel中创建销售数据的透视表以便分析销售趋势？

作为一名精通Excel表格制作的销售经理，我会为你详细说明在Excel中创建销售数据的透视表以便分析销售趋势的步骤：

假设你有一个包含销售数据的Excel表格，其中包括以下列：日期、销售额、销售量、产品类型等。我们将使用这些数据创建透视表来分析销售趋势。

1. 打开Excel并加载你的销售数据表格。
2. 选中你的销售数据范围，包括表头。确保选中的范围没有空白行或列，这样可以避免后续透视表出现数据错误。例如，选中A1到E100的范围。
3. 在Excel的菜单栏中，点击“插入”选项卡，然后点击“透视表”按钮。这将打开“创建透视表”对话框。
4. 在“创建透视表”对话框中，确保“选择一个表或区域”被选中，且“表/区域”输入框显示你之前选中的销售数据范围。
5. 接下来，选择“选择放置透视表的位置”，这里你可以选择在新的工作表中创建透视表或是现有工作表的特定位置。选择合适的选项并点击“确定”。
6. Excel将在你选择的位置创建一个空白的透视表和“字段列表”。
7. 在“字段列表”中，你会看到所有的列标题，这些列标题与你的销售数据表格的表头相对应。
8. 现在，将“日期”字段拖动到“行”区域，将“销售额”字段拖动到“值”区域。这样，Excel会根据日期对销售额进行汇总，并计算每个日期的总销售额。
9. 可选步骤：你还可以通过拖动其他字段（如“产品类型”）到“列”或“筛选器”区域，来对数据进行更详细的分析。比如，你可以选择按产品类型进行销售趋势的分析。
10. 现在，你的透视表已经创建完成了。你可以根据需要进行格式化，并通过透视表的功能来筛选、排序和分析销售数据。例如，你可以更改透视表的时间范围以查看不同时间段内的销售趋势，或者对产品类型进行筛选以分析各个产品的销售表现。

Regenerate

图 1-33

1.3 用 ChatGPT 学习 Excel 中的常用操作

学完前文，想必大家已经了解到如何快速地使用 ChatGPT 这个虚拟 AI 助手来帮助自己更高效地使用 Excel。本节将向大家介绍使用 ChatGPT 可以指导 Excel 中的哪些操作，可以为 Excel 数据表格做些什么。

013 用 ChatGPT 学习表格格式化操作

扫码观看教学视频

表格格式化是指在 Excel 中调整表格外观和样式的过程。用户可以向 ChatGPT 提问关于如何设置单元格样式、添加边框、着色以及字体格式等操作，让 ChatGPT 给出合适的指导或建议。

例如，在 ChatGPT 的聊天窗口中，向 ChatGPT 提问"如何将 Excel 表格中的数字数据设定为货币格式，并添加粗边框？"，ChatGPT 将会指导用户设置表格格式的相关操作，如图 1-34 所示。

> 如何将Excel表格中的数字数据设定为货币格式，并添加粗边框？
>
> 要将Excel表格中的数字数据设置为货币格式并添加粗边框，可以按照以下步骤进行操作：
>
> 步骤1：选择数据范围
> 打开你的Excel文件并选择你想要设置货币格式并添加粗边框的数据范围。
>
> 步骤2：设置货币格式
> 在Excel中设置货币格式的方法有两种：通过快捷键和通过菜单选项。下面我将介绍这两种方法。
>
> 方法1：使用快捷键
> 在选定的数据范围上按下快捷键 "Ctrl + Shift + $"。这将把数据格式设置为货币格式。
>
> 方法2：使用菜单选项
>
> 1. 在Excel顶部菜单栏中选择 "开始"（或 "Home"）选项卡。
> 2. 在 "数字"（或 "Number"）组中，你会看到一个货币图标。点击下拉箭头。
> 3. 在弹出的列表中，选择所需的货币格式。一般情况下，你可以选择 "货币" 或 "会计" 格式。点击选择后，数据将以所选货币格式显示。
>
> 步骤3：添加粗边框
> 完成上述步骤后，现在让我们来添加粗边框。
>
> 1. 选择你希望添加边框的数据范围。
> 2. 在Excel顶部菜单栏中选择 "开始"（或 "Home"）选项卡。
> 3. 在 "字体"（或 "Font"）组中，你会看到一个边框图标。点击下拉箭头。
> 4. 在弹出的边框样式列表中，选择 "粗边框" 或任何其他你喜欢的边框样式。点击选择后，数据范围将被添加上粗边框。
>
> ↻ Regenerate

图 1-34

014 用 ChatGPT 学习表格布局调整操作

扫码观看教学视频

表格布局调整是指在 Excel 中调整表格的行高、列宽、对齐方式以及合并单元格等操作，以优化表格的显示和排版。用户可以向 ChatGPT 询问如何自动调整列宽、合并单元格以及设置行高等，让 ChatGPT 指导表格布局调整操作。

例如，在 ChatGPT 的聊天窗口中，向 ChatGPT 提问"我有一个包含较长文本的 Excel 表格，如何自动调整列宽，使得所有文本内容都能完整显示？"，ChatGPT 则会给出有关自动调整表格列宽的操作步骤，如图 1-35 所示。

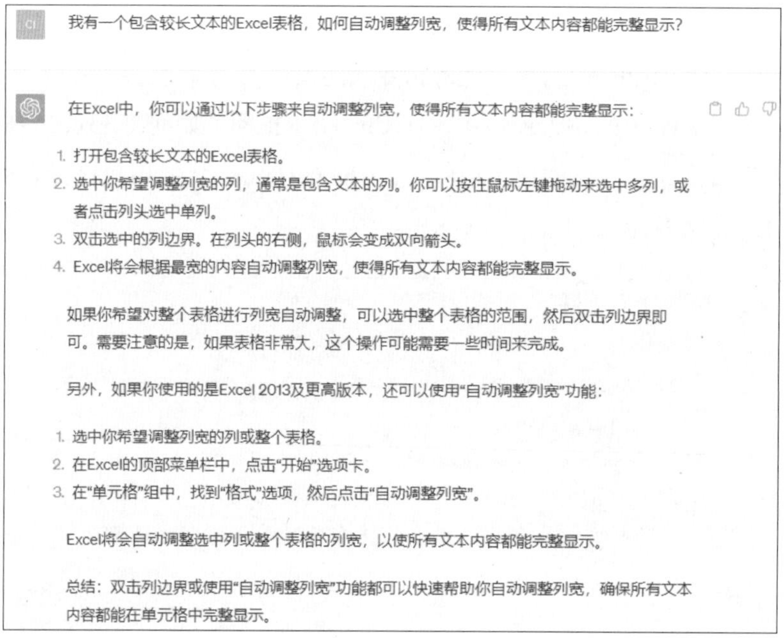

我有一个包含较长文本的Excel表格，如何自动调整列宽，使得所有文本内容都能完整显示？

在Excel中，你可以通过以下步骤来自动调整列宽，使得所有文本内容都能完整显示：

1. 打开包含较长文本的Excel表格。
2. 选中你希望调整列宽的列，通常是包含文本的列。你可以按住鼠标左键拖动来选中多列，或者点击列头选中单列。
3. 双击选中的列边界。在列头的右侧，鼠标会变成双向箭头。
4. Excel将会根据最宽的内容自动调整列宽，使得所有文本内容都能完整显示。

如果你希望对整个表格进行列宽自动调整，可以选中整个表格的范围，然后双击列边界即可。需要注意的是，如果表格非常大，这个操作可能需要一些时间来完成。

另外，如果你使用的是Excel 2013及更高版本，还可以使用"自动调整列宽"功能：

1. 选中你希望调整列宽的列或整个表格。
2. 在Excel的顶部菜单栏中，点击"开始"选项卡。
3. 在"单元格"组中，找到"格式"选项，然后点击"自动调整列宽"。

Excel将会自动调整选中列或整个表格的列宽，以使所有文本内容都能完整显示。

总结：双击列边界或使用"自动调整列宽"功能都可以快速帮助你自动调整列宽，确保所有文本内容都能在单元格中完整显示。

图 1-35

015 用 ChatGPT 学习数据筛选操作

扫码观看教学视频

Excel 中，用户可以使用"筛选"功能过滤和显示特定的数据。当不知道如何操作时，用户可以向 ChatGPT 询问如何根据某列的数值或文本内容进行筛选，让 ChatGPT 提供具体的操作步骤。

例如，在 ChatGPT 的聊天窗口中，向 ChatGPT 提问"如何使用 Excel 的'筛选'功能，只显示销售额大于 1000 的记录？"，ChatGPT 则会提供筛选销售额大于 1000 的操作方法，如图 1-36 所示。

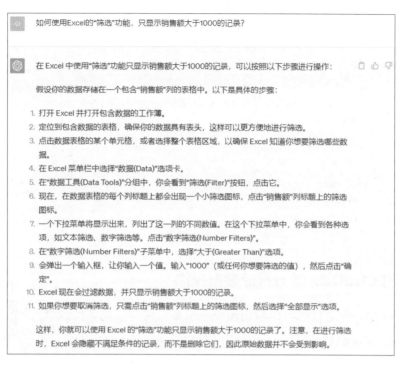

图 1-36

016 用 ChatGPT 学习数据可视化操作

扫码观看教学视频

数据可视化是通过图表和图形展示数据，帮助用户更直观地理解数据分布和趋势。用户可以向 ChatGPT 咨询如何创建柱状图、折线图和饼图等图表来可视化数据，让 ChatGPT 指导数据可视化的操作步骤。

例如，在 ChatGPT 的聊天窗口中，向 ChatGPT 提问"我有一个包含不同地区销售额的 Excel 表格，如何用柱形和折线组合图来显示各地区的销售情况？"，ChatGPT 则会指导创建组合图的操作方法，如图 1-37 所示。

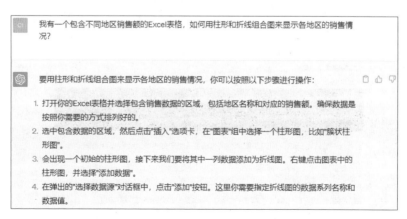

图 1-37

5. 在"系列名称"的文本框中输入一个描述性的名称，比如"销售额趋势"。然后在"系列值"的文本框中选择对应的销售额数据列。点击"确定"按钮。
6. 现在你应该已经有了一个包含柱形和折线的组合图表，但可能需要进行一些调整来使图表更易读。
7. 可以右键点击折线图的线条，选择"格式数据系列"来调整折线图的样式，比如线条颜色、线型等。
8. 还可以右键点击柱形图的柱子，选择"格式数据系列"来调整柱形图的样式，比如颜色、阴影效果等。
9. 添加合适的图表标题、横轴和纵轴标签，使图表更具可读性。
10. 最后，保存你的Excel文件，这样你就得到了一个包含柱形和折线组合图的各地区销售情况展示。

请注意，具体的操作可能会因你使用的Excel版本而有所不同，但一般的步骤是类似的。你可以根据实际情况进行调整和优化图表样式，以符合你的需求和审美观感。

Regenerate

图 1-37（续）

017 用 ChatGPT 学习标记数据操作

扫码观看教学视频

在 Excel 中，标记数据可以帮助用户突出显示符合某些条件的单元格，使其在表格中更加显眼。用户可以向 ChatGPT 咨询如何使用条件格式或其他方式来标记数据，让 ChatGPT 提供标记数据的操作步骤。

例如，在 ChatGPT 的聊天窗口中，向 ChatGPT 提问“如何在 Excel 表格中使用条件格式，将销售额高于平均值的单元格标记为红色？”，ChatGPT 则会提供标记数据的操作方法，如图 1-38 所示。

如何在Excel表格中使用条件格式，将销售额高于平均值的单元格标记为红色？

在Excel表格中使用条件格式将销售额高于平均值的单元格标记为红色可以通过以下步骤实现。假设你的销售额数据位于"A2:A100"范围内：

1. 选中要设置条件格式的单元格范围：
首先，打开Excel表格并选中包含销售额数据的单元格范围，这里是"A2:A100"。
2. 进入"条件格式"选项：
在Excel的顶部菜单栏中，点击"开始"选项卡，然后在"样式"组中找到"条件格式"按钮，点击它。在下拉菜单中，选择"新建规则"。
3. 选择条件格式规则类型：
在弹出的"新建格式规则"对话框中，选择"使用公式确定要设置格式的单元格"。
4. 编写条件格式公式：
在"格式值为"字段中输入以下公式来判断销售额是否高于平均值：

swift　　Copy code

```
=A2>AVERAGE($A$2:$A$100)
```

这个公式将会检查当前单元格（例如A2）的数值是否大于"A2:A100"范围内销售额的平均值。
5. 设置格式：
在设置条件格式公式后，点击"格式"按钮，然后在弹出的"格式单元格"对话框中选择你想要的红色标记。你可以在"填充"选项卡中选择红色填充颜色，点击"确定"保存设置。

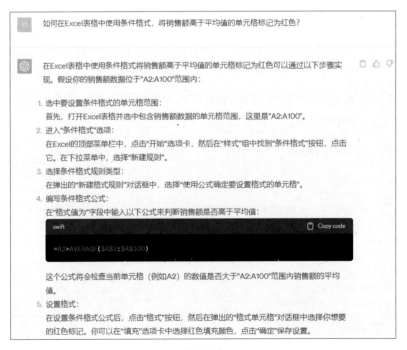

图 1-38

6. 应用并保存：
　　在完成设置后，点击"确定"按钮应用条件格式。现在，所有销售额高于平均值的单元格都将以红色标记。
7. （可选）调整规则范围：
　　如果你的销售额数据范围有变化，需要调整规则范围，请点击条件格式区域，再次进入"条件格式规则管理器"，并更新规则的应用范围。

　　这样，你就可以在 Excel 表格中使用条件格式将销售额高于平均值的单元格标记为红色了。

图 1-38（续）

018 用 ChatGPT 学习生成数据报告的方法

扫码观看教学视频

　　让 ChatGPT 根据 Excel 数据生成报告可以大大简化报告撰写的过程，提高工作效率。用户可以向 ChatGPT 提供所需的数据，然后询问如何生成报告、使用哪些图表和图形来可视化数据，以及如何按照特定格式排版报告等。

　　例如，有一个 Excel 表格，其中包含了某公司的销售数据，包括销售日期、销售额、销售地区等信息，需要让 ChatGPT 根据这些数据生成一个销售报告，包括总体销售趋势和各地区的销售情况。用户可以向 ChatGPT 提问"在 Excel 工作表中包含了销售数据，如何让 ChatGPT 根据这些数据生成一个销售报告，并在报告中用折线图显示每月的销售趋势？"，ChatGPT 即可提供在 Excel 中生成数据报告的操作方法，如图 1-39 所示。

> 在Excel工作表中包含了销售数据，如何让ChatGPT根据这些数据生成一个销售报告，并在报告中用折线图显示每月的销售趋势？

要让ChatGPT根据Excel工作表中的销售数据生成一个销售报告，并在报告中用折线图显示每月的销售趋势，可以采取以下步骤：

步骤1：整理销售数据
在Excel中确保你有一个包含销售数据的工作表，并且数据按照日期和销售额排列。确保日期列和销售额列都有合适的标签。

步骤2：导入数据和图表

1. 打开Excel，并创建一个新的工作表。
2. 导入销售数据到新的工作表中，确保数据的日期和销售额分别位于不同的列。确保数据没有任何错误或缺失。
3. 选择日期列和销售额列中的所有数据。
4. 点击Excel顶部菜单中的"插入"选项卡，然后在图表组中选择"折线图"。

步骤3：调整图表设置

1. 现在，你应该有一个折线图出现在工作表中。
2. 点击图表，Excel会自动切换到"图表工具"选项卡。在这个选项卡中，你可以进行各种设置。
3. 确保横轴（X轴）是日期，纵轴（Y轴）是销售额。如果Excel没有正确地识别日期，请确保将日期数据格式设置为日期格式。
4. 根据需要调整折线图的样式，包括颜色、标题等。

图 1-39

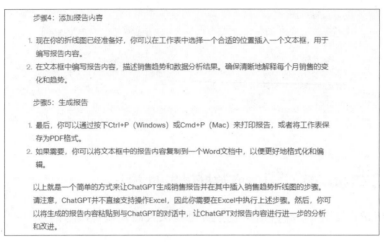

步骤4：添加报告内容

1. 现在你的折线图已经准备好了，你可以在工作表中选择一个合适的位置插入一个文本框，用于编写报告内容。
2. 在文本框中编写报告内容，描述销售趋势和数据分析结果。确保清晰地解释每个月销售的变化和趋势。

步骤5：生成报告

1. 最后，你可以通过按下Ctrl+P（Windows）或Cmd+P（Mac）来打印报告，或者将工作表保存为PDF格式。
2. 如果需要，你可以将文本框中的报告内容复制到一个Word文档中，以便更好地格式化和编辑。

以上就是一个简单的方式来让ChatGPT生成销售报告并在其中插入销售趋势折线图的步骤。请注意，ChatGPT并不直接支持操作Excel，因此你需要在Excel中执行上述步骤。然后，你可以将生成的报告内容粘贴到与ChatGPT的对话中，让ChatGPT对报告内容进行进一步的分析和改进。

图 1-39（续）

019 用 ChatGPT 学习如何分析表格中的数据

扫码观看教学视频

ChatGPT 能够帮助用户使用 Excel 内置的函数来分析数据，用户可以向 ChatGPT 询问如何计算平均值、总和、最大值和最小值等，或者向 ChatGPT 询问如何创建数据透视表来汇总、分析数据。

例如，在 ChatGPT 的聊天窗口中，向 ChatGPT 提问"我有一个包含销售数据的 Excel 表格，数据存储在 B2:B11 单元格区域，如何使用 Excel 函数来计算这些销售数据的总和和平均值？"，ChatGPT 即可提供对应的函数公式，如图 1-40 所示。

图 1-40

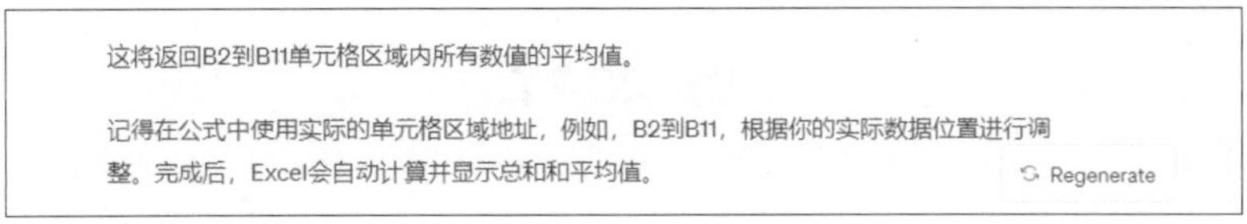

> 这将返回B2到B11单元格区域内所有数值的平均值。
>
> 记得在公式中使用实际的单元格区域地址，例如，B2到B11，根据你的实际数据位置进行调整。完成后，Excel会自动计算并显示总和平均值。　　　　　　　　⟳ Regenerate

图 1-40（续）

020 用 ChatGPT 学习如何将资料整理成表格

扫码观看教学视频

　　ChatGPT 能够为用户提供制表的操作方法，除此之外，ChatGPT还可以将用户提供的文本资料整理成表格，还能根据用户补充的要求添加内容或者进行数据分析、计算和汇总等。下面介绍具体的操作方法。

步骤 01 打开一个记事本，其中显示了多位员工的销售数据，如图 1-41 所示。

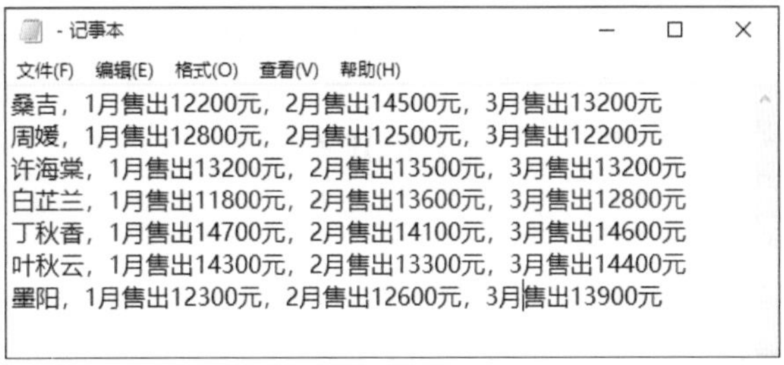

```
📄 - 记事本                                    —   □   ✕
文件(F)  编辑(E)  格式(O)  查看(V)  帮助(H)
桑吉，1月售出12200元，2月售出14500元，3月售出13200元
周媛，1月售出12800元，2月售出12500元，3月售出12200元
许海棠，1月售出13200元，2月售出13500元，3月售出13200元
白芷兰，1月售出11800元，2月售出13600元，3月售出12800元
丁秋香，1月售出14700元，2月售出14100元，3月售出14600元
叶秋云，1月售出14300元，2月售出13300元，3月售出14400元
墨阳，1月售出12300元，2月售出12600元，3月售出13900元
```

图 1-41

步骤 02 现在需要将记事本中的文本资料整理成表格，按 Ctrl + A 快捷键全选，按 Ctrl + C 快捷键复制，如图 1-42 所示。

图 1-42

步骤 03 打开 ChatGPT 的聊天窗口，单击底部的输入框，输入"将下面的资料整理成表格："，如图 1-43 所示。

步骤 04 按 Shift + Enter 快捷键换行，再按 Ctrl + V 快捷键粘贴复制的制表资料，如图 1-44 所示。

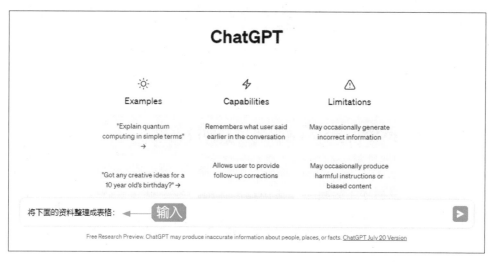

图 1-43

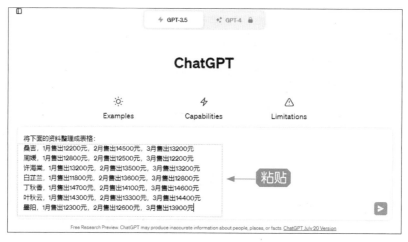

图 1-44

步骤 05 按 Enter 键发送，ChatGPT 即可将资料整理成表格，如图 1-45 所示。

下面是将提供的资料整理成表格的结果：

销售员	1月销售额	2月销售额	3月销售额
桑吉	12200元	14500元	13200元
周媛	12800元	12500元	12200元
许海棠	13200元	13500元	13200元
白芷兰	11800元	13600元	12800元
丁秋香	14700元	14100元	14600元
叶秋云	14300元	13300元	14400元
墨阳	12300元	12600元	13900元

请注意，表格中的金额数据仅用 "元" 来表示。

图 1-45

步骤 06 如果需要统计销售员 1—3 月的总销售额，单击底部的输入框，继续输入制表要求"在表格中加上每个员工的总销售额"，如图 1-46 所示。

图 1-46

步骤 07 按 Enter 键发送，ChatGPT 会根据补充的制表要求重新生成表格，如图 1-47 所示。

好的，我在表格中添加了每个员工的总销售额一栏：

销售员	1月销售额	2月销售额	3月销售额	总销售额
桑吉	12200元	14500元	13200元	39900元
周媛	12800元	12500元	12200元	37500元
许海棠	13200元	13500元	13200元	39900元
白芷兰	11800元	13600元	12800元	38200元
丁秋香	14700元	14100元	14600元	43400元
叶秋云	14300元	13300元	14400元	42000元
墨阳	12300元	12600元	13900元	38800元

每个员工的总销售额等于其三个月销售额的总和。

图 1-47

步骤 08 ❶选择生成的表格，单击鼠标右键，❷在弹出的快捷菜单中选择"复制"命令，如图 1-48 所示。

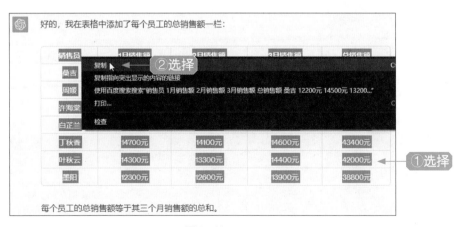

图 1-48

步骤 09 打开 Excel 工作表，在工作表中按 Ctrl + V 快捷键，即可粘贴复制的
表格内容，如图 1-49 所示。

	A	B	C	D	E	F
1	销售员	1月销售额	2月销售额	3月销售额	总销售额	
2	桑吉	12200元	14500元	13200元	39900元	
3	周媛	12800元	12500元	12200元	37500元	
4	许海棠	13200元	13500元	13200元	39900元	
5	白芷兰	11800元	13600元	12800元	38200元	← 粘贴
6	丁秋香	14700元	14100元	14600元	43400元	
7	叶秋云	14300元	13300元	14400元	42000元	
8	墨阳	12300元	12600元	13900元	38800元	
9						📋 (Ctrl) ▾
10						
11						
12						

图 1-49

步骤 10 根据需要调整工作表的行高、列宽，结果如图 1-50 所示。

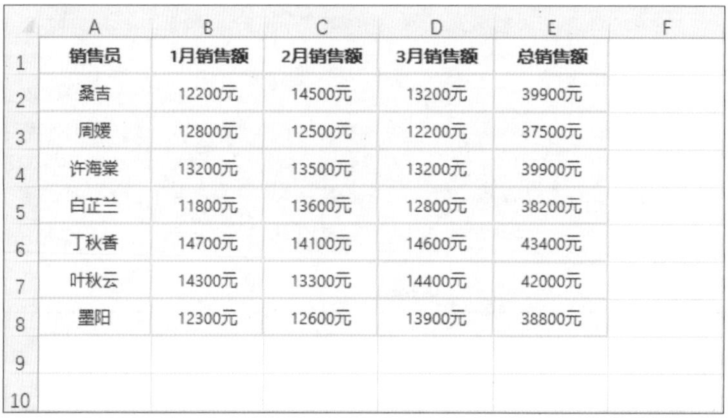

	A	B	C	D	E	F
1	销售员	1月销售额	2月销售额	3月销售额	总销售额	
2	桑吉	12200元	14500元	13200元	39900元	
3	周媛	12800元	12500元	12200元	37500元	
4	许海棠	13200元	13500元	13200元	39900元	
5	白芷兰	11800元	13600元	12800元	38200元	
6	丁秋香	14700元	14100元	14600元	43400元	
7	叶秋云	14300元	13300元	14400元	42000元	
8	墨阳	12300元	12600元	13900元	38800元	
9						
10						

图 1-50

第 **2** 章

智能运算：用 ChatGPT 编写公式

学习提示

Excel 中内置了 400 多种函数，能够满足用户进行统计、判断、查找以及筛选等数据处理和分析需求。用户可以用 ChatGPT 编写函数公式，在 Excel 中进行智能运算，这样既便捷又不易出错。

本章重点导航

- ◈ 创建公式的基本操作
- ◈ 用 ChatGPT 辅助运算
- ◈ 用 ChatGPT 编写公式

2.1 创建公式的基本操作

在 Excel 中统计数据前，首先要了解引用的概念和使用方法、如何建立公式、输入函数与引用的方法以及利用函数清单选择函数等创建公式的基本操作。稳固好基础才能举一反三，掌握统计数据的技巧。

021 认识相对引用、绝对引用和混合引用

扫码观看教学视频

在 Excel 中，引用单元格指的是在某个单元格公式中引用其他单元格的地址，并使用其他单元格中的值，而不必手动输入这些值。这为用户提供了更加快捷方便的计算方式。

Excel 中的单元格通常用"字母＋数字"的方式进行标识，如 A1、B2 等。这些单元格可以包含各种数据类型，如数字、文本、日期等。用户可以在公式中使用这些单元格的地址来计算、操作这些单元格中的数据。例如，要将 A1 和 A2 单元格中的值相加，并将结果显示在 A3 单元格中，可以在 A3 单元格中输入公式：=A1+A2。其中"+"符号是 Excel 中的求和运算符，而 A1 和 A2 是引用单元格，它们分别指向 A1 和 A2 单元格中的值。

引用单元格是一项非常灵活和强大的功能，它可以帮助用户快速进行各种复杂的计算和操作，使 Excel 成为一个非常强大和全面的数据处理工具。在 Excel 中，引用分为相对引用、绝对引用以及混合引用，具体介绍如下。

1. 相对引用

相对引用在 Excel 中主要用于引用单元格相对位置的数据进行函数运算。

步骤 01 打开一个工作表，在 B2 单元格中直接输入：=B1，如图 2-1 所示。

步骤 02 按 Enter 键确认，即可引用 B1 单元格中的数据，返回 B2 单元格的值为 1，如图 2-2 所示。

步骤 03 按住 B2 单元格右下角向右拖曳，引用单元格会随着位置的移动发生变化，单元格中的公式也会随之由 =B1 自动调整为 =C1，如图 2-3 所示。

步骤 04 同理，向下拖曳后，单元格中的公式会由 =B1 自动调整为 =B2，如图 2-4 所示。由此可以得出结论，当向右拖曳单元格时，相对引用公式中的列号会发生改变；当向下拖曳时，行号会发生改变。

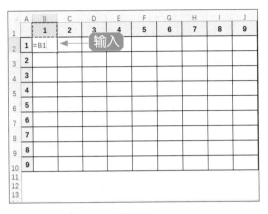

图 2-1　　　　　　　　　　　　　　图 2-2

图 2-3　　　　　　　　　　　　　　图 2-4

2. 绝对引用

在 Excel 工作表中，绝对引用总是在指定位置引用单元格中的值，用户可以在引用单元格通过按 F4 键时添加符号 $，以此来切换引用模式。

步骤 01　接上面继续操作，在 B2 单元格中输入：=B1，如图 2-5 所示。

步骤 02　执行操作后，按 F4 键，公式中会添加两个 $ 符号，表示绝对引用单元格，如图 2-6 所示。

步骤 03　与相对引用不同的是，无论单元格向哪个方向拖曳，所有单元格中的公式都与 B2 单元格中一样，不会发生任何变化，如图 2-7 所示。

> **专家指点**
>
> 在操作过程中，需要注意 F4 键的引用切换功能，只对所选中的公式段或引用的单元格有作用。

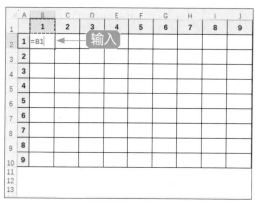

图 2-5 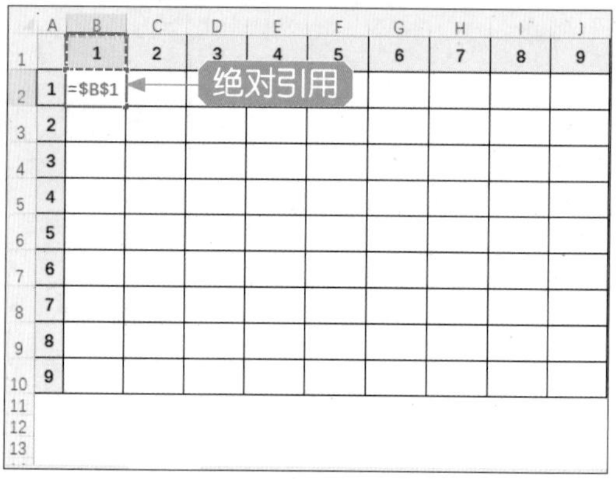　　　　　　　　　　　　　　　　图 2-6

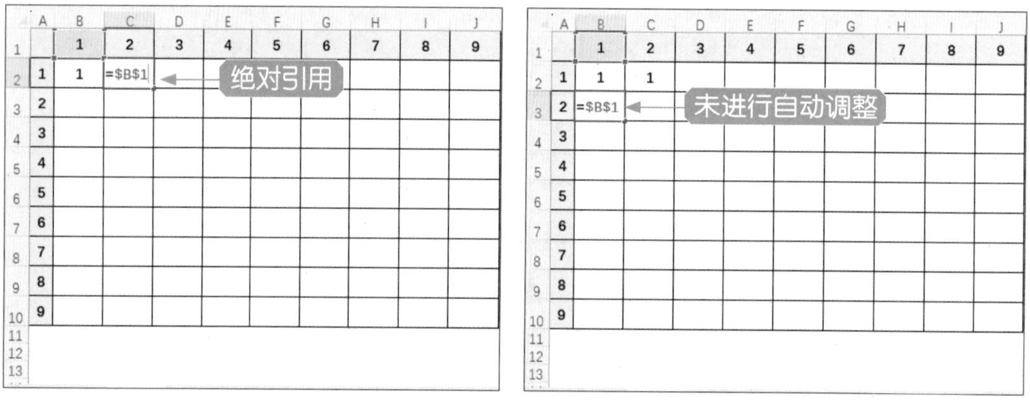

图 2-7

3. 混合引用

在 Excel 中,混合引用相当于将绝对引用和相对引用混合重组,可以同时相对引用行、绝对引用列或绝对引用行、相对引用列。

步骤 01 在 B2 单元格中输入: =B1,第 1 次按 F4 键可以绝对引用,第 2 次按 F4 键,公式会变为 =B$1,表示相对引用列、绝对引用行,如图 2-8 所示。

步骤 02 向下拖曳单元格后,公式不变,依然是 =B$1,即将行固定了,如图 2-9 所示。

专家指点

在操作过程中,用户需要注意在第 4 次按下 F4 键后,公式会变回刚开始输入时的状态。

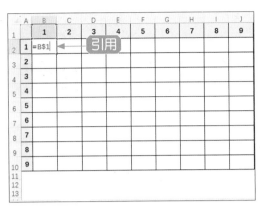

图 2-8 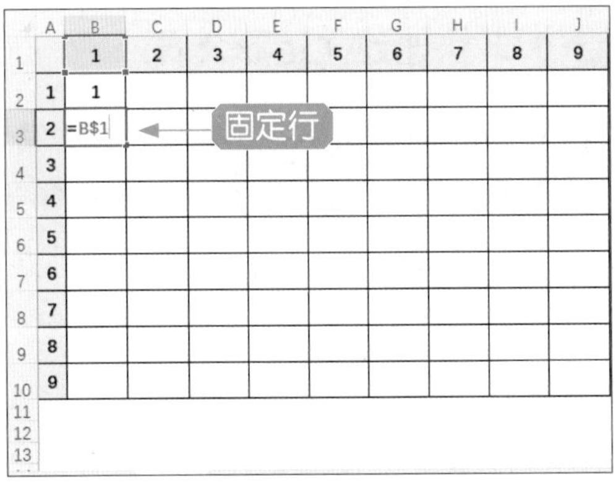　　　　　　　　　　　　　　　　图 2-9

步骤 03 向右拖曳单元格后，公式会变为 =C$1，即列变行不变，如图 2-10 所示。

步骤 04 在 B2 单元格中第 3 次按 F4 键，公式会变为 =$B1，表示绝对引用列、相对引用行，如图 2-11 所示。

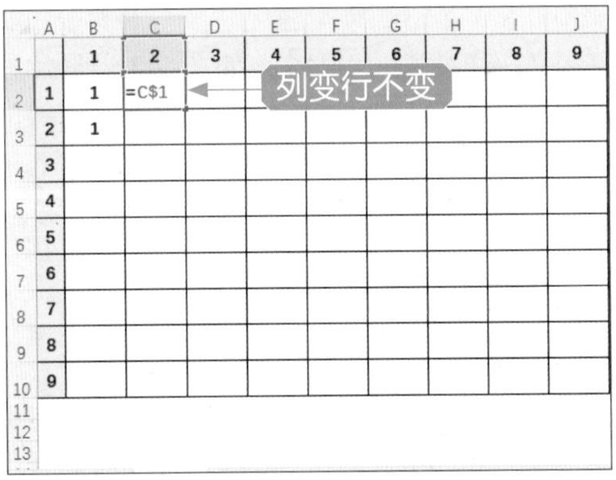

图 2-10 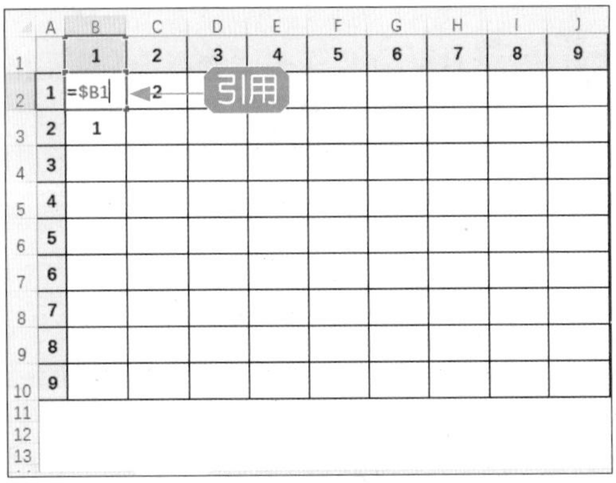　　　　　　　　　　　　　　　　图 2-11

步骤 05 向右拖曳单元格后，公式不变，依然是=$B1，即将列固定了，如图2-12所示。

步骤 06 向下拖曳单元格后，公式会变为 =$B2，即行变列不变，如图 2-13 所示。

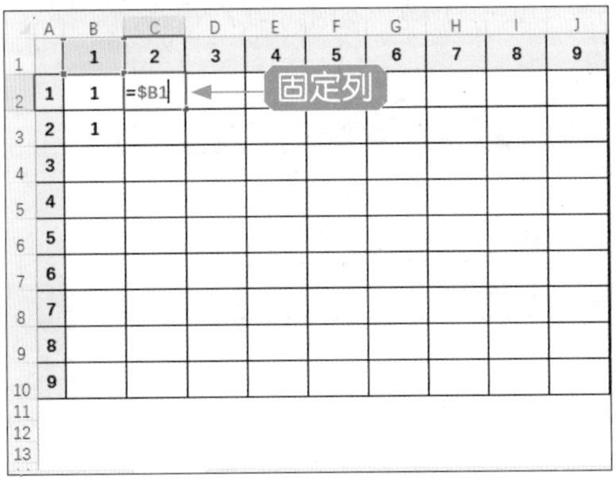

图 2-12　　　　　　　　　　　　　　　　图 2-13

022 快速建立运算公式

在 Excel 中统计数据不需要用户手动计算再输入单元格中，只需要在单元格中建立正确的公式，然后交给 Excel 自动计算即可快速获得结果。在 Excel 中建立公式主要有两种方式：一种是跟数学公式一样，利用加减乘除运算符号，引用单元格进行计算；一种是利用函数，通过参数条件编写符合函数语法的公式，执行特定的计算。

下面将向大家介绍在 Excel 中快速建立公式的操作方法。

步骤 01 打开一个工作表，如图 2-14 所示。需要在工作表中统计各种商品的总销售额。

步骤 02 在建立公式前，首先需要在工作表中理清楚数据，哪些单元格中的数据是用来计算的，哪些单元格中的数据是需要忽略的。例如，在本例中，总销售额只需要使用单价与销售数量相乘，如果表格中有多余的数据，忽略即可。

步骤 03 在工作表中选择 B4 单元格，在其中输入 "=" 符号，如图 2-15 所示。

产品名称	商品A	商品B	商品C
单价	47	68	39
销售数量	2500	5000	3500
总销售额			

打开

图 2-14

产品名称	商品A	商品B	商品C
单价	47	68	39
销售数量	2500	5000	3500
总销售额	=		

输入

图 2-15

步骤 04 接下来选择 B2 单元格，即可引用单价，如图 2-16 所示。

步骤 05 继续输入乘符号，在键盘上按 *（星号）键，如图 2-17 所示。

产品名称	商品A	商品B	商品C
单价	47	68	39
销售数量	2500	5000	3500
总销售额	=B2		

选择

图 2-16

产品名称	商品A	商品B	商品C
单价	47	68	39
销售数量	2500	5000	3500
总销售额	=B2*		

输入

图 2-17

步骤 06 执行操作后，选择 B3 单元格，即可引用销售数量，如图 2-18 所示。

步骤 07 至此即可建立一个完整的公式：=B2*B3，按 Enter 键确认，即可计算商品 A 的总销售额，如图 2-19 所示。

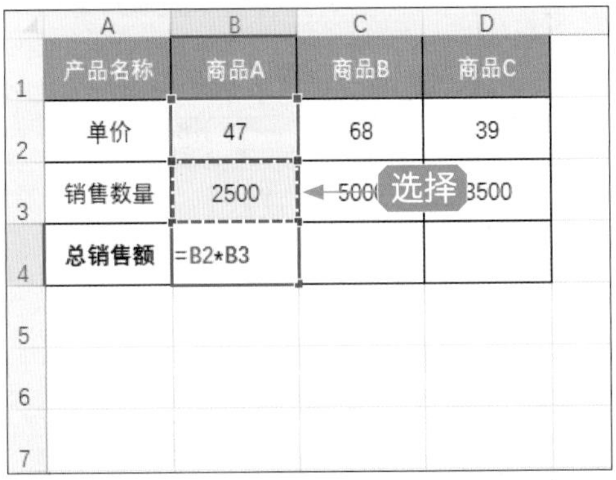

产品名称	商品A	商品B	商品C
单价	47	68	39
销售数量	2500	5000	3500
总销售额	=B2*B3		

图 2-18

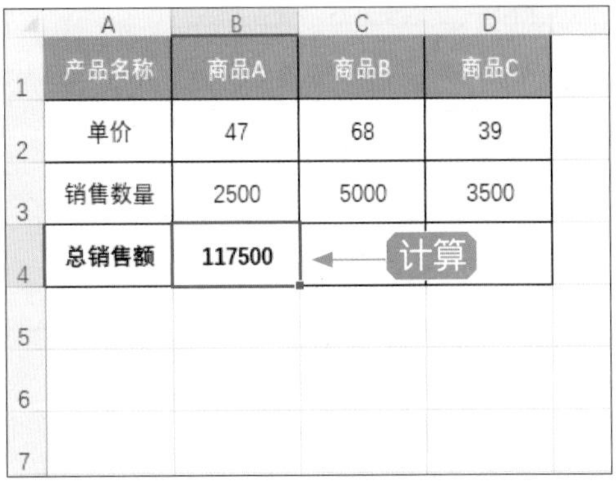

产品名称	商品A	商品B	商品C
单价	47	68	39
销售数量	2500	5000	3500
总销售额	117500		

图 2-19

步骤 08 拖曳 B4 单元格的右下角到 D4 单元格，填充建立的公式，计算商品 B 和商品 C 的总销售额，如图 2-20 所示。

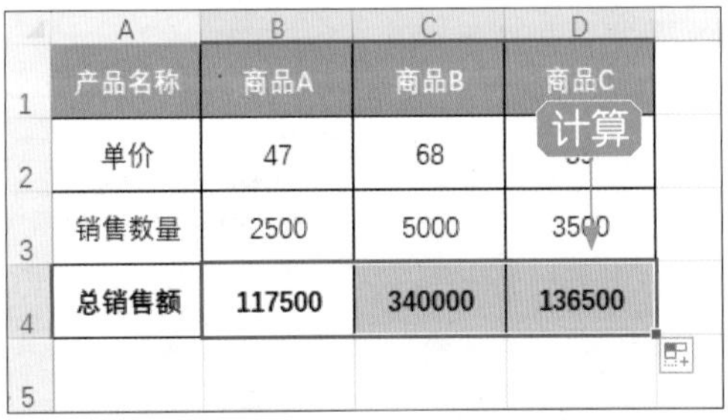

产品名称	商品A	商品B	商品C
单价	47	68	
销售数量	2500	5000	3500
总销售额	117500	340000	136500

图 2-20

023 快速插入函数公式

在 Excel 中，用户可以在编辑栏中快速插入函数公式，通过 Excel 强大的运算能力来统计表格数据。下面介绍快速插入函数公式的操作方法。

步骤 01 打开一个工作表，如图 2-21 所示。需要在工作表中统计各种商品的总销量。

步骤 02 ❶在工作表中选择 B6 单元格；❷在编辑栏中单击"插入函数"按钮 fx，如图 2-22 所示。

步骤 03 弹出"插入函数"对话框，如图 2-23 所示。

步骤 04 用户可以在"搜索函数"下方的文本框中输入需要用的函数或者想要做什么运算，❶如输入"求和"；❷单击"转到"按钮，如图 2-24 所示。

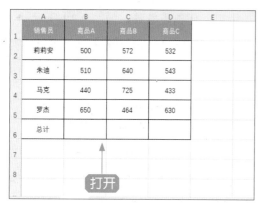

图 2-21

图 2-22

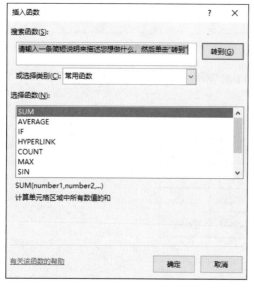

图 2-23

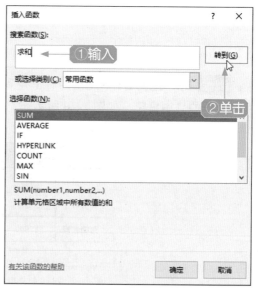

图 2-24

步骤 05 执行上述操作后，在"选择函数"列表框中即可显示求和函数，这里选择 SUM 函数，如图 2-25 所示。在列表框的下方会显示所选函数的公式语法和作用。

步骤 06 单击"确定"按钮，弹出"函数参数"对话框，在 Number1 文本框中已经自动引用了单元格区域，表示计算 B2:B5 单元格区域的值，如图 2-26 所示。

专家指点

在 Excel 中，SUM 函数求和还有两种更快的方法。

◎ 选择需要返回值的单元格，按 Alt+= 快捷键，即可快速求和。

◎ 在"开始"功能区的"编辑"面板中，单击"自动求和"按钮，即可快速求和。

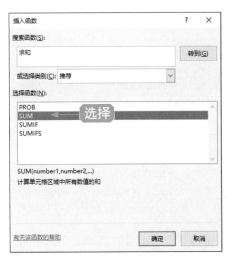

图 2-25　　　　　　　　　　　　　图 2-26

步骤 **07** 单击"确定"按钮，即可在 B6 单元格中返回计算的值，如图 2-27 所示。

步骤 **08** 选择 B6 单元格，拖曳单元格右下角至 D6 单元格，填充公式，批量计算商品 B 和商品 C 的总销量，如图 2-28 所示。

图 2-27　　　　　　　　　　　　　图 2-28

024 利用函数清单选择函数

扫码观看教学视频

在 Excel 工作表中，用户还可以在函数清单列表中快速选择函数，以便于编写公式，同时还可以避免编写公式时输入错误。下面介绍利用函数清单选择函数的具体操作。

步骤 **01** 打开一个工作表，如图 2-29 所示。需要在工作表中统计各个销售员的销量。

步骤 **02** 在工作表中选择 E2 单元格，❶输入：=SU；❷即可弹出含有 SU 的函数清单，如图 2-30 所示。

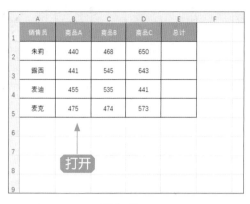

图 2-29

图 2-30

步骤 **03** 在函数清单中选择需要的函数，这里选择 SUM 函数，如图 2-31 所示。

步骤 **04** 执行操作后，双击鼠标左键，即可将所选函数添加至编写的公式中，如图 2-32 所示。

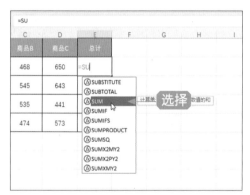

图 2-31

图 2-32

步骤 **05** ❶选择 B2:D2 单元格区域；❷输入英文状态下的反括号，完成求和公式的编写，如图 2-33 所示。

步骤 **06** 按 Enter 键确认，即可返回第 1 个销售员的销量，如图 2-34 所示。

<table>
<tr><td>B2</td><td>fx =SUM(B2:D2)</td></tr>
</table>

图 2-33

图 2-34

步骤 07 拖曳 E2 单元格的右下角，填充公式至 E5 单元格，批量计算其他销售员的销量，如图 2-35 所示。

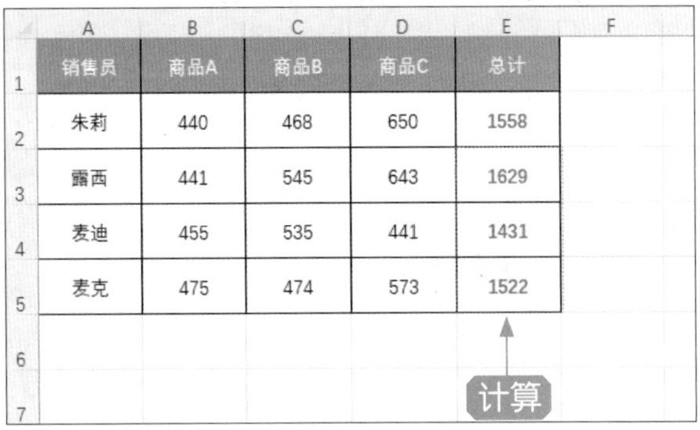

	A	B	C	D	E	F
1	销售员	商品A	商品B	商品C	总计	
2	朱莉	440	468	650	1558	
3	露西	441	545	643	1629	
4	麦迪	455	535	441	1431	
5	麦克	475	474	573	1522	
6					计算	
7						

图 2-35

025 自动校正公式中的错误

扫码观看教学视频

在 Excel 中，公式中的符号都是英文状态下输入的，如果是中文状态下输入的，系统会进行自动校正操作。除此之外，用户在输入公式时难免会有多输、少输的情况，Excel 会根据输入的公式快速找出错误并进行校正。下面通过实例操作来了解 Excel 自动校正公式的效果。

步骤 01 打开一个工作表，在第 6 行的合并单元格中输入：==SUM（B2:D5)，如图 2-36 所示。这个公式中多输入了一个等号和一个中文状态下输入的括号。

步骤 02 按 Enter 键确认，Excel 即可发现错误并弹出信息提示框，提出修改建议，如图 2-37 所示。

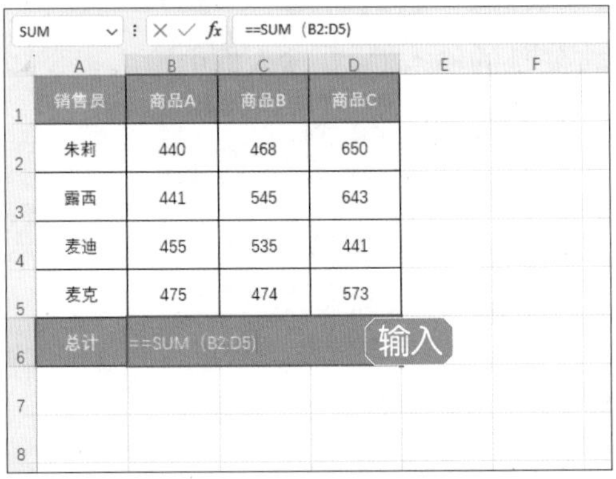

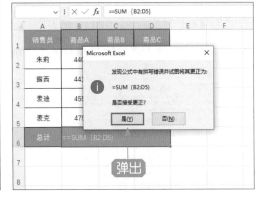

图 2-36　　　　　　　　　　　　　　图 2-37

步骤 03 单击"是"按钮，❶即可更正公式，❷并在合并单元格中返回计算的值，如图 2-38 所示。

图 2-38

2.2 用 ChatGPT 辅助运算

使用 ChatGPT 可以帮助用户检查公式是否正确，还可以向其询问求和快捷键，要求它讲解函数的原理和使用方法、完成未编写完的函数公式等。本节将向大家介绍用 ChatGPT 提供求和快捷键、讲解函数、编写公式以及检查公式等辅助运算的操作方法。

026 用 ChatGPT 提供求和快捷键

扫码观看教学视频

当用户在进行求和统计时，如果忘记了求和快捷键是什么，可以在 ChatGPT 中提问，让 ChatGPT 提供求和快捷键，然后在 Excel 中进行应用。下面介绍具体的操作方法。

步骤 01 打开 ChatGPT 的聊天窗口，单击底部的输入框，在输入框中输入指令"告诉我在 Excel 中的求和快捷键是什么？"，如图 2-39 所示。

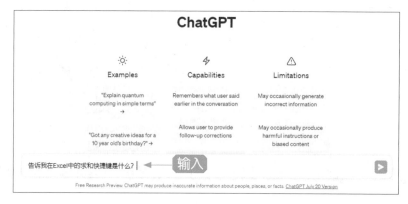

图 2-39

步骤 02 按 Enter 键发送，ChatGPT 即可根据提问进行回复，并向用户提供求和快捷键以及其作用和使用方法，如图 2-40 所示。

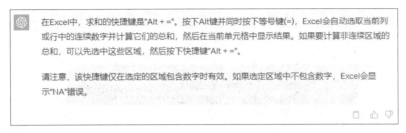

图 2-40

027 用 ChatGPT 讲解函数使用方法

扫码观看教学视频

当用户在制表过程中需要用到或者想要了解某个函数的使用方法时，可以不用花费大量时间在网上搜索相关资料，直接在 ChatGPT 中进行提问即可获得函数的语法和作用等。下面介绍具体的操作方法。

步骤 01 打开 ChatGPT 的聊天窗口，单击底部的输入框，在输入框中输入指令"讲解一下 Excel 中 VLOOKUP 函数和 HLOOKUP 函数的原理和使用方法"，如图 2-41 所示。

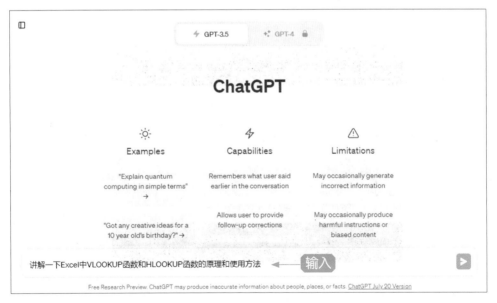

图 2-41

步骤 02 按 Enter 键发送，ChatGPT 即可根据要求讲解 VLOOKUP 函数和 HLOOKUP 函数的使用方法和使用示例，如图 2-42 所示。

在Excel中，VLOOKUP函数和HLOOKUP函数都是用于在表格或矩阵中查找数据并返回相关值的函数。它们分别用于垂直查找和水平查找。

1. VLOOKUP函数（垂直查找）：
VLOOKUP函数用于在一个垂直排列的区域（通常是一个表格）中查找特定的值，并返回该值所在行的指定列的数据。

语法：

```scss
VLOOKUP(lookup_value, table_array, col_index_num, [range_lookup])
```

* lookup_value: 要查找的值。
* table_array: 查找的区域（表格），包含要查找的值和要返回的结果值。
* col_index_num: 结果值所在列的相对位置，从table_array的第一列开始计算（即第一列为1，第二列为2，以此类推）。
* range_lookup: 可选参数，用于指定查找方式。如果为TRUE或省略，则进行近似匹配（查找值不必精确匹配）。如果为FALSE，则进行精确匹配（查找值必须完全匹配）。

使用示例：
假设有一个表格范围A1:B5，我们想根据查找值（A8）查找并返回相应的结果值（B8）：

```php
=VLOOKUP(A8, A1:B5, 2, FALSE)
```

如果A8的值在A1:A5范围内，则函数返回对应行（例如第3行）的第2列的值（B3）。

1. HLOOKUP函数（水平查找）：
HLOOKUP函数用于在一个水平排列的区域（通常是一个表格）中查找特定的值，并返回该值所在列的指定行的数据。

语法：

```scss
HLOOKUP(lookup_value, table_array, row_index_num, [range_lookup])
```

* lookup_value: 要查找的值。
* table_array: 查找的区域（表格），包含要查找的值和要返回的结果值。
* row_index_num: 结果值所在行的相对位置，从table_array的第一行开始计算（即第一行为1，第二行为2，以此类推）。
* range_lookup: 可选参数，用于指定查找方式。如果为TRUE或省略，则进行近似匹配（查找值不必精确匹配）。如果为FALSE，则进行精确匹配（查找值必须完全匹配）。

使用示例：
假设有一个表格范围A1:E3，我们想根据查找值（B6）查找并返回相应的结果值（C6）：

```php
=HLOOKUP(B6, A1:E3, 3, FALSE)
```

如果B6的值在A1:E1范围内，则函数返回对应列（例如第4列）的第3行的值（C3）。

注意事项：

* 在使用VLOOKUP和HLOOKUP函数时，查找区域必须按照升序排列，否则可能返回错误的结果。
* 当range_lookup参数为FALSE时，查找值必须与表格中的某个值完全匹配。如果没有找到匹配的值，函数将返回#N/A错误。

这些函数在Excel中非常实用，可以帮助您在大型数据表格中快速找到所需的数据。

图 2-42

028 用 ChatGPT 继续编写函数公式

当用户在 Excel 工作表中编写函数公式时，可以使用 ChatGPT 帮忙编写一个完整的函数公式，也可以用它继续编写未完成的函数公式。下面介绍具体的操作方法。

步骤 01 打开一个 Excel 工作表，其中 B 列为店铺评分，需要在 C 列中用爱心符号表示推荐力度，如图 2-43 所示。

	A	B	C	D	E	F
1	美食店铺	店铺评分	推荐力度	店铺编码		
2	蛙，真香！	5		24510015		
3	懒回顾饮品	2		18553025		
4	哆哆自助烤肉	4		63547863	← 打开	
5	春晓火锅店	3		25615847		
6	香辣串串	1		25893546		
7	苗家小炒菜	5		41238571		

图 2-43

步骤 02 打开 ChatGPT 的聊天窗口，单击底部的输入框，在输入框中输入指令"在 Excel 工作表中，B 列为店铺评分，请帮我编写一个函数公式，在 C 列用爱心符号表示数字评分"，如图 2-44 所示。

图 2-44

步骤 03 按 Enter 键发送，ChatGPT 即可根据要求编写一个完整的函数公式，并对编写的公式进行对应的讲解，如图 2-45 所示。

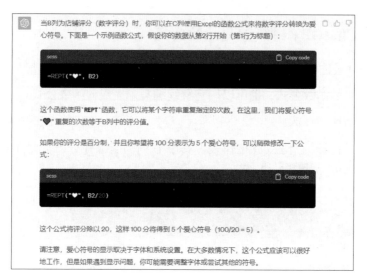

图 2-45

步骤 04 ❶选择编写的函数公式；单击鼠标右键，❷在弹出的快捷菜单中选择"复制"命令，如图 2-46 所示。

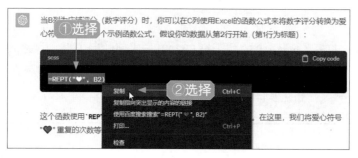

图 2-46

步骤 05 返回 Excel 工作表，在 C2 单元格中粘贴复制的公式：=REPT（"❤"，B2），如图 2-47 所示。

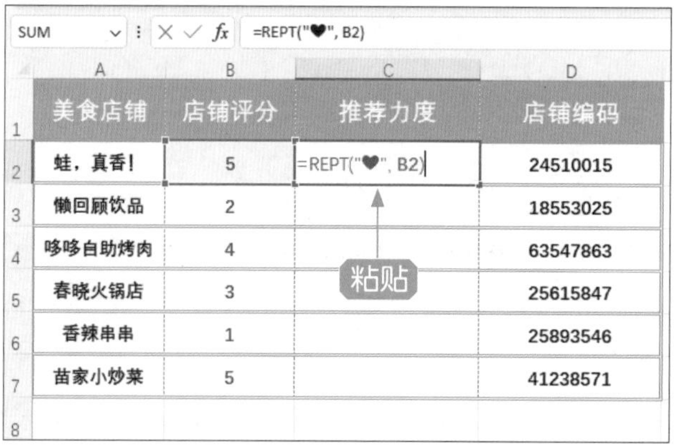

	A	B	C	D
SUM	∨ ⋮ × ✓ fx	=REPT("❤", B2)		
1	美食店铺	店铺评分	推荐力度	店铺编码
2	蛙，真香！	5	=REPT("❤", B2)	24510015
3	懒回顾饮品	2		18553025
4	哆哆自助烤肉	4		63547863
5	春晓火锅店	3	粘贴	25615847
6	香辣串串	1		25893546
7	苗家小炒菜	5		41238571
8				

图 2-47

步骤 06 按 Enter 键确认，即可用爱心符号表示推荐力度，如图 2-48 所示。

步骤 07 选择 C2:C7 单元格区域，如图 2-49 所示。

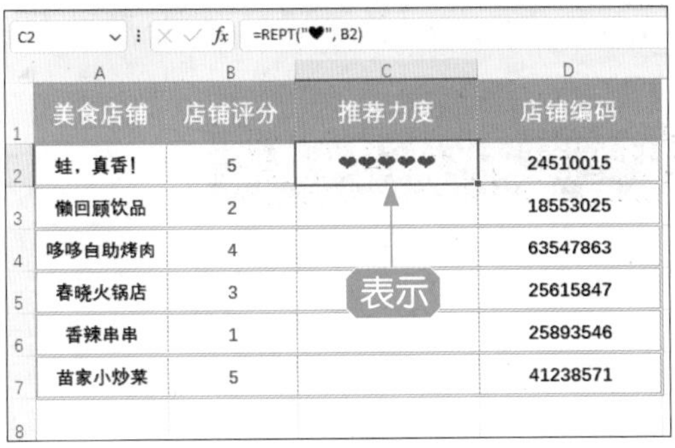

图 2-48

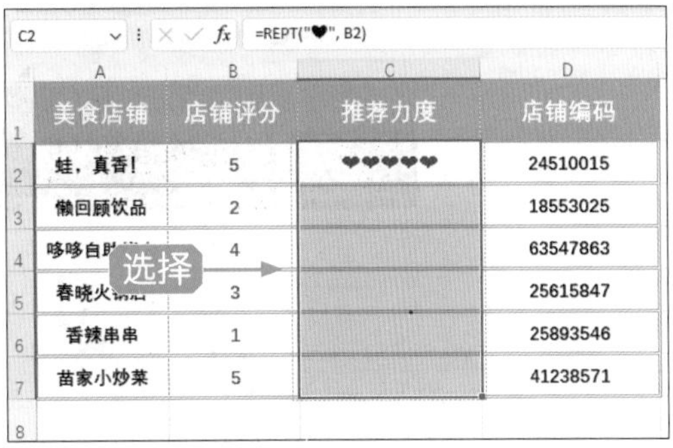

图 2-49

步骤 08 在编辑栏中单击鼠标左键，按 Ctrl + Enter 快捷键，即可填充公式，批量用爱心符号表示推荐力度，如图 2-50 所示。

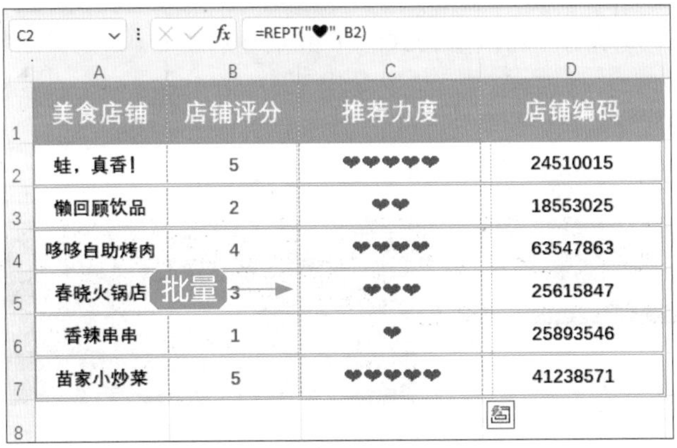

图 2-50

步骤 09 接下来，需要将店铺编码中的中间 4 位数字用 * 符号隐藏起来。打开 ChatGPT 的聊天窗口，单击底部的输入框，在输入框中输入指令"D 列为店铺编码，需要用 * 符号将中间的 4 位数字隐藏起来，请帮我完善一下下面的公式：=REPLACE(D2,3"，如图 2-51 所示。

图 2-51

步骤 10 按 Enter 键发送，ChatGPT 即可根据要求完善未完成的函数公式，并对公式进行对应的讲解，如图 2-52 所示。

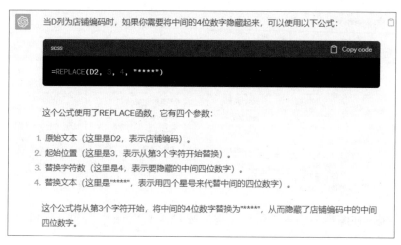

图 2-52

步骤 11 ❶选择完善的函数公式，单击鼠标右键；❷在弹出的快捷菜单中选择"复制"命令，如图 2-53 所示。

图 2-53

步骤 12 返回 Excel 工作表，❶选择 D2 单元格；❷在编辑栏中粘贴复制的公式：=REPLACE(D2,3,4,"****")，如图 2-54 所示。

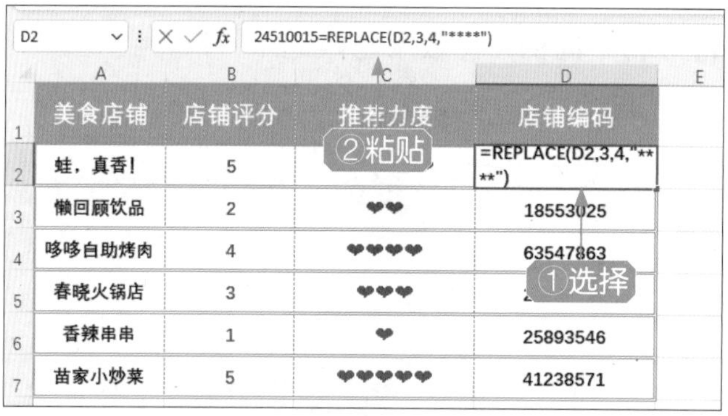

美食店铺	店铺评分	推荐力度	店铺编码	
蛙，真香！	5	❷粘贴	=REPLACE(D2,3,4,"****")	
懒回顾饮品	2	♥♥	18553025	
哆哆自助烤肉	4	♥♥♥♥	63547863	
春晓火锅店	3	♥♥♥	❶选择	
香辣串串	1	♥	25893546	
苗家小炒菜	5	♥♥♥♥♥	41238571	

图 2-54

步骤 13 选择原来的店铺编码，按 Ctrl + X 快捷键剪切，然后在公式中选择 D2，按 Ctrl + V 快捷键粘贴，将引用单元格作用的 D2 替换为店铺编码，如图 2-55 所示。

步骤 14 按 Enter 键确认，即可将店铺编码中间的 4 位数字隐藏，如图 2-56 所示。

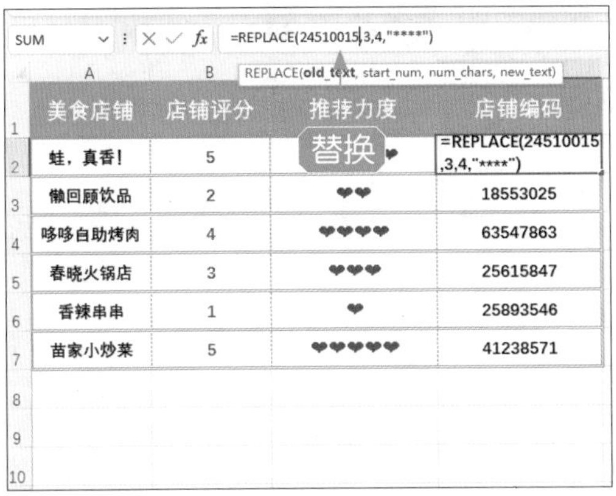

图 2-55 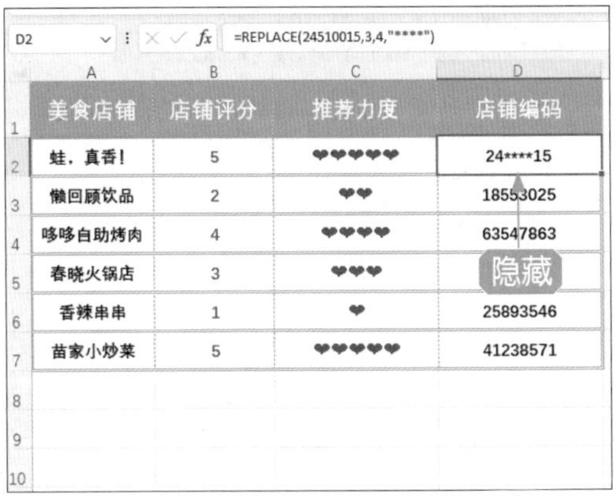　　　　　　　　　　　　图 2-56

步骤 15 复制 D2 单元格中的公式，❶ 选择 D3 单元格，用同样的方法，在编辑栏中粘贴公式；❷ 用 D3 单元格中的店铺编码替换第一个参数，如图 2-57 所示。

步骤 16 执行操作后，用同样的方法，隐藏其他店铺编码中间的 4 位数字，如图 2-58 所示。

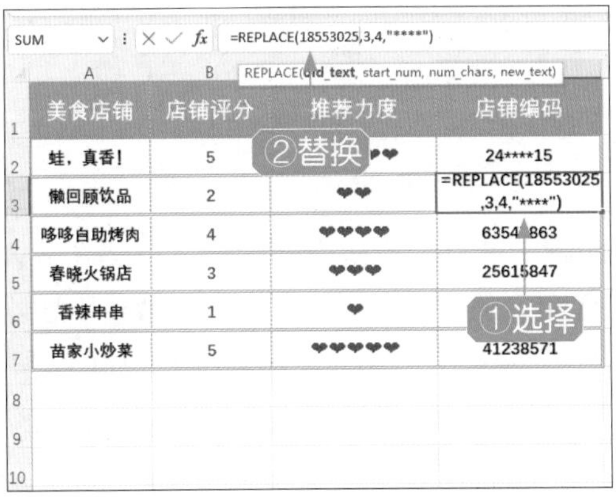

图 2-57　　　　　　　　　　　　图 2-58

029 用 ChatGPT 检查公式是否正确

在 Excel 工作表中，当用户发现编写的函数公式无法进行计算或者计算错误时，可以使用 ChatGPT 帮忙检查公式的正确性并完善公式。下面介绍具体的操作方法。

扫码观看教学视频

步骤 01 打开一个 Excel 工作表，其中 A 列为预设的数值，需要在 B 列中通过公式提取 A 列数值小数位数 3 位数，如图 2-59 所示。

步骤 02 选择 B2 单元格，在其中输入公式：=ROUND(A2)，如图 2-60 所示。

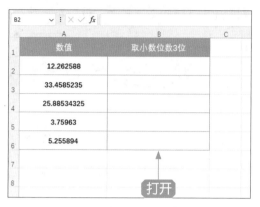

图 2-59 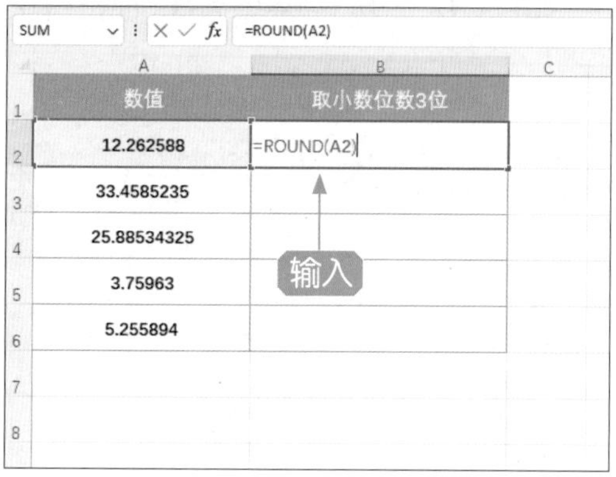　　　　　　　　　　　　　　图 2-60

步骤 03 按 Enter 键确认，弹出信息提示框，单击"确定"按钮，如图 2-61 所示。

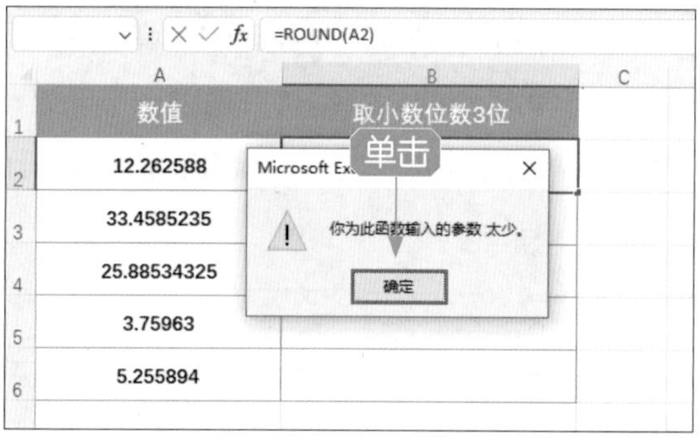

图 2-61

步骤 04 执行操作后，打开 ChatGPT 的聊天窗口，单击底部的输入框，在输入框中输入指令"在 Excel 工作表中，需要在 B2 单元格中对 A2 单元格中的数值保留小数位数 3 位数，请帮我检查公式的正确性并完善此公式：=ROUND(A2)"，如图 2-62 所示。

图 2-62

步骤 05 按 Enter 键发送，ChatGPT 即可检查公式并完善公式，如图 2-63 所示。

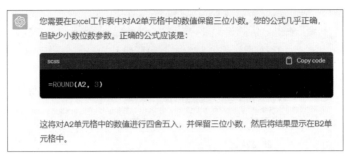

图 2-63

步骤 06 单击公式右上角的 Copy code 按钮，即可复制公式，如图 2-64 所示。

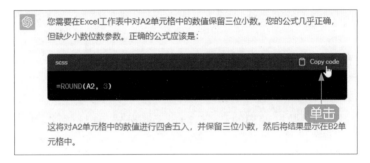

图 2-64

步骤 07 返回 Excel 工作表，在 B2 单元格中粘贴复制的公式：=ROUND(A2,3)，如图 2-65 所示。

步骤 08 按 Enter 键确认，即可提取 A2 单元格中的数值小数位数 3 位数，如图 2-66 所示。

图 2-65

图 2-66

步骤 09 将光标移至 B2 单元格的右下角，按住鼠标左键并向下拖曳至 B6 单元格，即可填充公式，批量提取 A 列数值小数位数 3 位数，结果如图 2-67 所示。

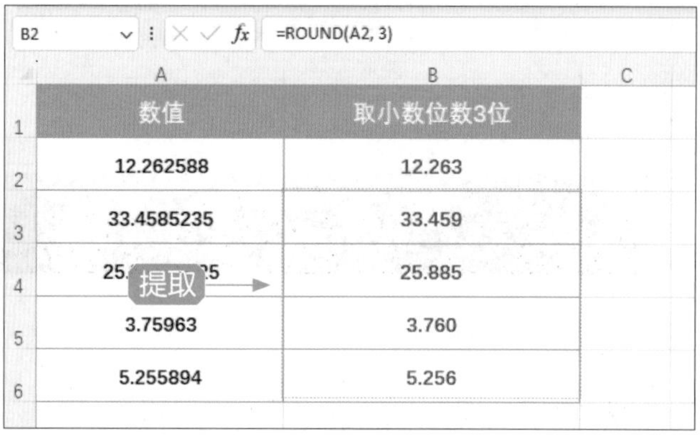

图 2-67

2.3 用 ChatGPT 编写公式

在 Excel 中，函数是数据处理的利器，通过函数公式可以进行汇总、分析以及预测，实现高效计算，提升工作和生活效率。本节将向大家介绍通过 ChatGPT 编写函数计算公式的方法，以便用户可以在 Excel 工作表中直接进行运算。

030 用 ChatGPT 计算平均值

在 Excel 中，当用户需要在单元格中计算平均值时，可以通过 ChatGPT 获得计算公式。下面介绍具体的操作方法。

步骤 01 打开一个工作表，如图 2-68 所示。需要在 E 列计算各种商品销量的平均值。

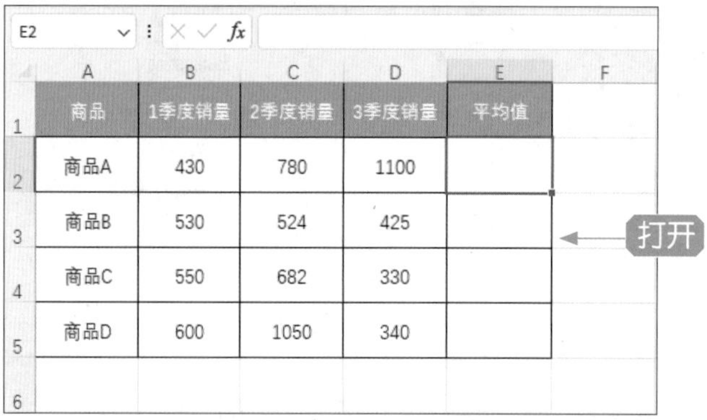

图 2-68

步骤 02 打开 ChatGPT 的聊天窗口，在输入框中输入指令"在 Excel 工作表中，需要编写一个计算公式，在 E2 单元格中计算 B2:D2 单元格区域的平均值"。按 Enter 键发送，ChatGPT 即可根据提问回复计算平均值的公式，如图 2-69 所示。

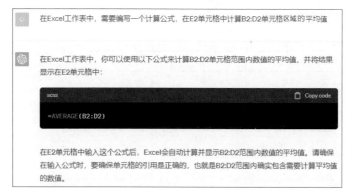

图 2-69

步骤 03 复制回复的公式，返回 Excel 工作表，❶选择 E2:E5 单元格区域；❷在编辑栏中粘贴复制的公式：=AVERAGE(B2:D2)，如图 2-70 所示。

步骤 04 按 Ctrl + Enter 快捷键，即可批量统计平均值，如图 2-71 所示。

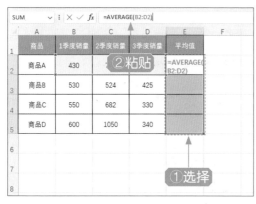

图 2-70

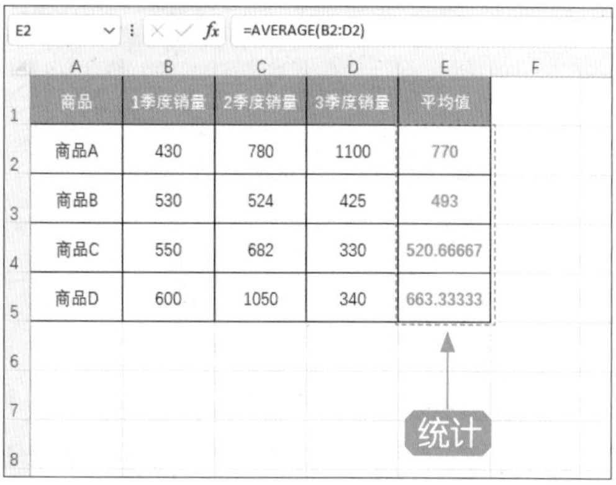

图 2-71

031 用 ChatGPT 获取业绩排名

扫码观看教学视频

在 Excel 中，当用户需要在不改变排列顺序的情况下快速统计员工的业绩排名时，可以通过 ChatGPT 获得计算排名的公式。下面介绍具体的操作方法。

步骤 01 打开一个工作表，如图 2-72 所示。需要在 C 列计算各个员工的业绩排名。

步骤 02 打开 ChatGPT 的聊天窗口，在输入框中输入指令"在 Excel 工作表中，需要编写一个计算公式，在 C 列中计算 B 列单元格中的值在 B2:B7 单元格区域的排名"。

按 Enter 键发送，ChatGPT 即可根据提问回复计算排名的公式，如图 2-73 所示。

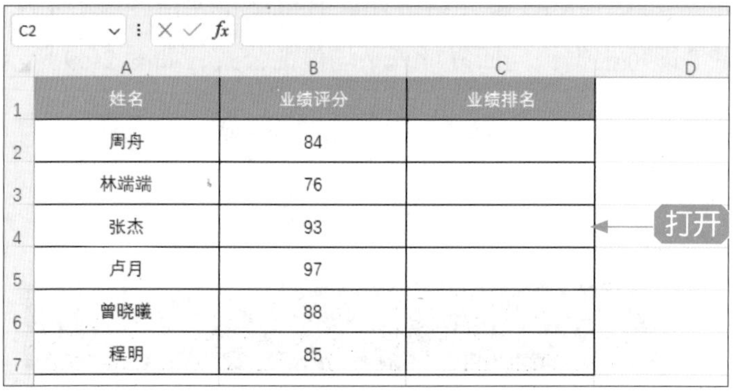

图 2-72

图 2-73

步骤 03 复制回复的公式，返回 Excel 工作表，❶选择 C2:C7 单元格区域；❷在编辑栏中粘贴复制的公式：=RANK(B2,$B$2:$B$7)，如图 2-74 所示。

图 2-74

步骤 04 执行上述操作后，按 Ctrl ＋ Enter 快捷键，即可统计各员工的业绩排名，如图 2-75 所示。

	A	B	C
	姓名	业绩评分	业绩排名
1			
2	周舟	84	5
3	林端端	76	6
4	张杰	统计	2
5	卢月	97	1
6	曾晓曦	88	3
7	程明	85	4

C2 =RANK(B2,$B$2:$B$7)

图 2-75

032 用 ChatGPT 进行累计求和

在 Excel 中，当用户不知道该如何对工作表中的数据进行累计求和时，可以通过 ChatGPT 获得累计求和的计算公式。下面介绍具体的操作方法。

步骤 01 打开一个工作表，如图 2-76 所示。需要在 C 列对 B 列中的值进行累计求和。

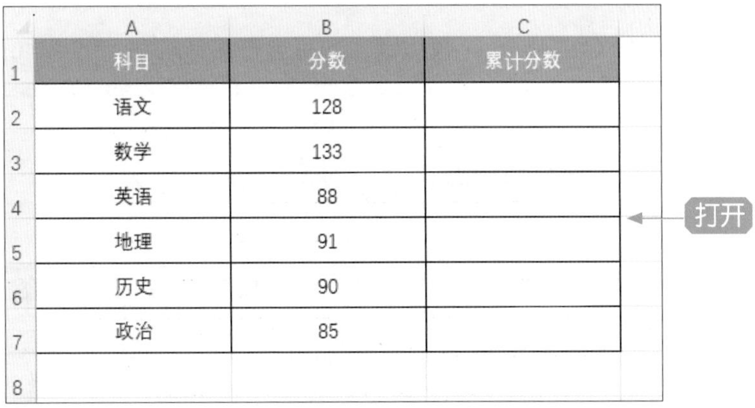

	A	B	C
1	科目	分数	累计分数
2	语文	128	
3	数学	133	
4	英语	88	打开
5	地理	91	
6	历史	90	
7	政治	85	
8			

图 2-76

步骤 02 打开 ChatGPT 的聊天窗口，在输入框中输入指令"在 Excel 工作表中，需要编写一个计算公式，在 C 列中对 B2:B7 单元格区域的值进行累计求和"。按 Enter 键发送，ChatGPT 即可根据提问回复累计求和的计算公式，如图 2-77 所示。

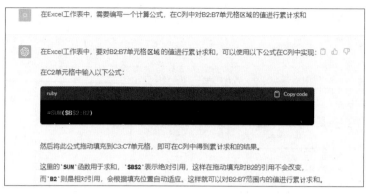

图 2-77

步骤 03 复制回复的公式，返回 Excel 工作表，❶选择 C2:C7 单元格区域；❷在编辑栏中粘贴复制的公式：=SUM($B$2:B2)，如图 2-78 所示。

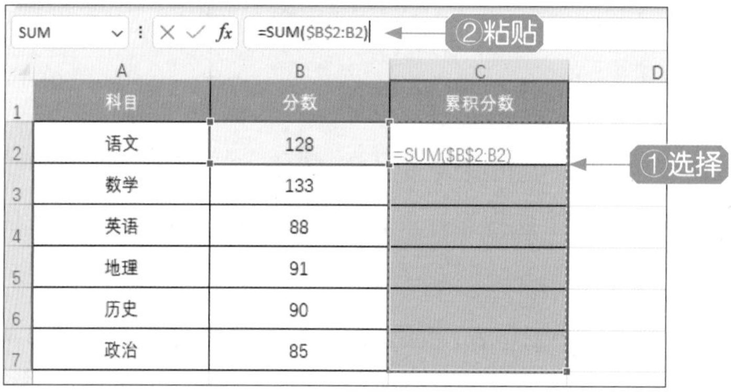

图 2-78

步骤 04 按 Ctrl + Enter 快捷键，即可进行累计求和，结果如图 2-79 所示。

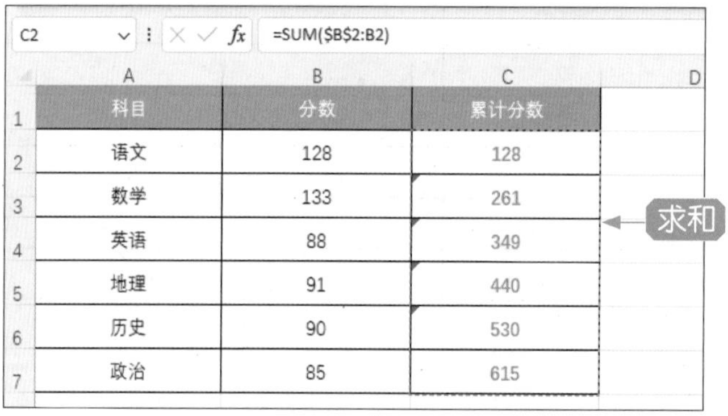

图 2-79

033 用 ChatGPT 定位查找员工的信息

在 Excel 中，INDEX 函数用于从指定范围中返回单元格的值或范

扫码观看教学视频

围的一部分，而 MATCH 函数则用于在指定范围内查找指定值的位置，并返回该位置的索引或相对位置。将这两个函数组合使用可以进行数据位置定位、查找数据以及检验输入的数值等。下面以定位查找员工信息为例，介绍用 ChatGPT 编写 INDEX 函数和 MATCH 函数公式的操作方法。

步骤 01 打开一个工作表，如图 2-80 所示。其中显示了两个表格，需要在左边的表格中找到右边所缺失的信息数据。

	A	B	C	D	E	F	G	H	I
1	姓名	部门	基本工资		部门	姓名	性别	年龄	基本工资
2	朵朵	计划部	4848		计划部	卢柏	男	21	
3	梦华	生产部	4269		计划部	朵朵	女	23	
4	卢柏	计划部	3702		人事部	白芝兰	女	29	← 打开
5	张晓梅	生产部	3954		人事部	程悦	女	35	
6	程悦	人事部	3925		生产部	张晓梅	女	35	
7	白芝兰	人事部	4903		生产部	梦华	女	27	

图 2-80

步骤 02 打开 ChatGPT 的聊天窗口，在输入框中输入指令"在 Excel 工作表中，A:C 列为查找范围，需要根据 F 列单元格中提供的姓名在查找范围中找到所在行，根据 I 列表头在查找范围中找到所在列，最后将查找到的结果返回至 I 列单元格中，该如何用 INDEX 函数和 MATCH 函数编写一个完整的查找公式？"。按 Enter 键发送，ChatGPT 即可根据提问编写 INDEX 函数和 MATCH 函数的组合公式，如图 2-81 所示。

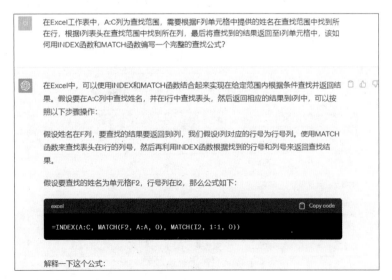

图 2-81

1. `MATCH(F2, A:A, 0)`：这部分会在A列中查找F2单元格的值，并返回其在A列中的行号。这个函数用于查找姓名所在的行号。

2. `MATCH(I2, 1:1, 0)`：这部分会在第1行（即I行）中查找I2单元格的值，并返回其在该行中的列号。这个函数用于查找列号。

3. `INDEX(A:C, ...)`：这部分使用前面找到的行号和列号，在A:C范围内定位到相应的单元格。

4. 最终将在F列中查找到的值返回到I列的相应单元格中。

请确保在使用公式时，姓名所在的范围（A:C列）和表头所在的范围（I行）确实是正确的，并且姓名和行号列的单元格引用正确。

图 2-81（续）

步骤 03 复制函数公式，返回 Excel 工作表，❶选择 I2 单元格；❷将公式粘贴在编辑栏中：=INDEX(A:C,MATCH(F2,A:A,0),MATCH(I2,1:1,0))，如图 2-82 所示。

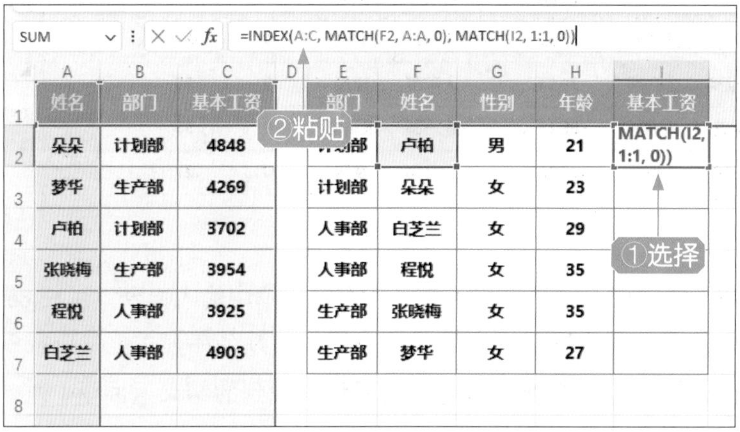

图 2-82

步骤 04 修改第 3 个编组公式中的第 1 个引用参数为 I1，并选择第 3 个编组公式中引用的单元格，按 F4 键切换为绝对引用，以免填充公式时改变行列，结果如图 2-83 所示。

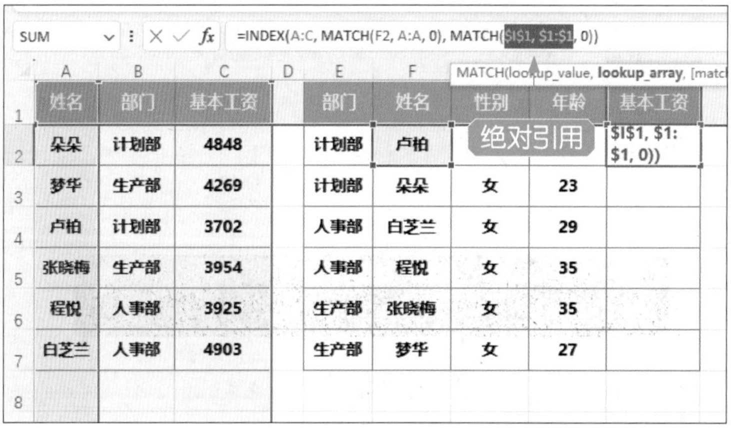

图 2-83

步骤 05 按 Enter 键确认，即可返回查找到的基本工资，结果如图 2-84 所示。

姓名	部门	基本工资		部门	姓名	性别	年龄	基本工资
朵朵	计划部	4848		计划部	卢柏	男	21	3702
梦华	生产部	4269		计划部	朵朵	女	23	
卢柏	计划部	3702		人事部	白芝兰	女	29	
张晓梅	生产部	3954		人事部	程悦	女	35	
程悦	人事部	3925		生产部	张晓梅	女	35	
白芝兰	人事部	4903		生产部	梦华	女	27	

fx =INDEX(A:C, MATCH(F2, A:A, 0), MATCH($I$1, $1:$1, 0))

图 2-84

步骤 06 拖曳 I2 单元格右下角，填充公式至 I7 单元格，即可批量查找各员工的基本工资，结果如图 2-85 所示。

姓名	部门	基本工资		部门	姓名	性别	年龄	基本工资
朵朵	计划部	4848		计划部	卢柏	男	21	3702
梦华	生产部	4269		计划部	朵朵	女	23	4848
卢柏	计划部	3702		人事部	白芝兰	女	29	4903
张晓梅	生产部	3954		人事部	程悦	女	35	3925
程悦	人事部	3925		生产部	张晓梅	女	35	3954
白芝兰	人事部	4903		生产部	梦华	女	27	4269

fx =INDEX(A:C, MATCH(F2, A:A, 0), MATCH($I$1, $1:$1, 0))

图 2-85

034 用 ChatGPT 查找员工对应的部门

扫码观看教学视频

LOOKUP 函数是 Excel 中比较常用的一种查找函数，该函数可以在指定范围内查找指定的值，并返回与之最接近的数值或对应的结果。LOOKUP 函数在 Excel 查找函数中有"万金油"之称，不论是逆向查找数据还是正向查找数据，LOOKUP 函数都非常实用、适用。

下面以查找员工对应的部门为例，介绍用 ChatGPT 编写 LOOKUP 函数公式在指定范围内找出指定数据的操作方法。

步骤 01 打开一个工作表，如图 2-86 所示。需要在 A 列和 B 列表格范围中，根据员工姓名找出对应的部门。

	A	B	C	D	E	F
1	部门	员工姓名		员工姓名	部门	
2	人事部	林千月		木易		
3	品管部	沐橙		周语棠		
4	品管部	闫泽明		闫泽明		←打开
5	生产部	张柔若		周筱菁		
6	管理部	周筱菁				
7	生产部	林嘉鸿				
8	人事部	木易				
9	财务部	沐伊				
10	财务部	梦淑				
11	销售部	周语棠				
12						

图 2-86

步骤 02 打开 ChatGPT 的聊天窗口，在输入框中输入指令 "在 Excel 工作表的 E 列单元格中，如何使用 LOOKUP 函数公式，在 B2:B11 单元格范围内查找 D 列单元格中的值，并返回相应的结果在 A2:A11 单元格范围内？"。按 Enter 键发送，ChatGPT 即可根据提问编写函数公式，如图 2-87 所示。

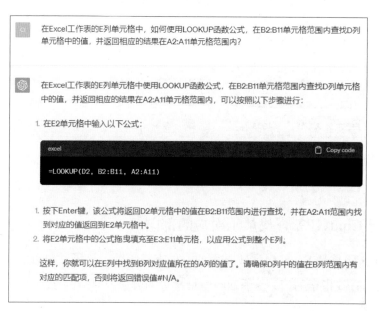

图 2-87

步骤 03 复制函数公式，返回 Excel 工作表，❶选择 E2:E5 单元格区域；❷将公式粘贴在编辑栏中：=LOOKUP(D2,B2:B11,A2:A11)，如图 2-88 所示。

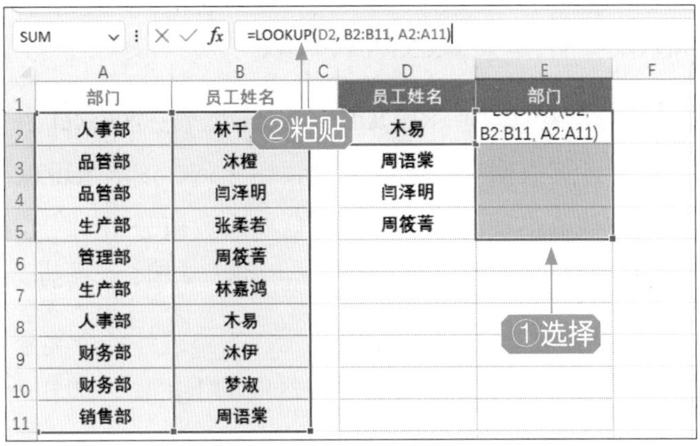

图 2-88

步骤 04 执行操作后，选择第 2 个条件参数和第 3 个条件参数，按 F4 键切换为绝对引用，如图 2-89 所示。

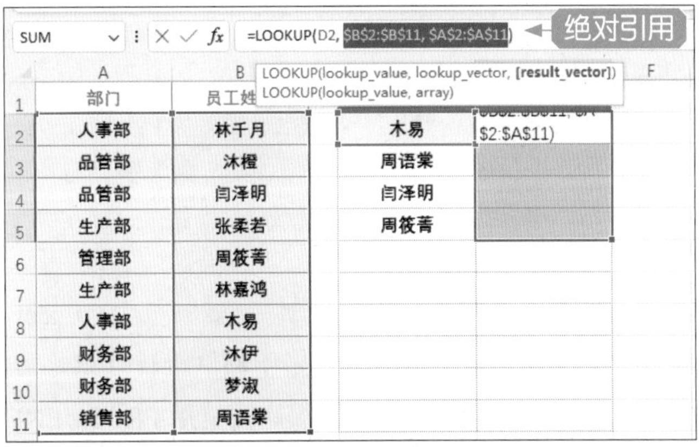

图 2-89

步骤 05 执行操作后，按 Ctrl + Enter 快捷键，即可根据员工姓名查找到对应的部门，如图 2-90 所示。

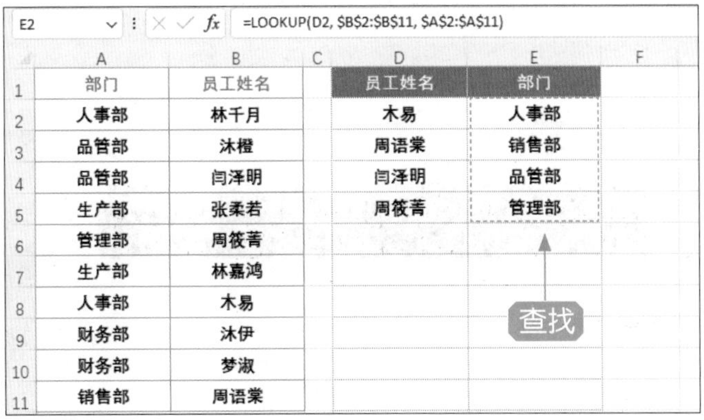

图 2-90

035 用 ChatGPT 计算奖金区间的人数

计算符合区间内的人数可以用 FREQUENCY 函数，它是 Excel 中的一个统计函数，用于计算数据集中各数值的频率分布。该函数可以帮助用户了解数据集中数值出现的次数，并将这些次数值分组到指定的区间范围内。下面通过实例介绍用 ChatGPT 编写 FREQUENCY 函数公式计算奖金区间人数的方法。

步骤 01 打开一个工作表，如图 2-91 所示。需要统计各个奖金区间的人数，注意这里在单元格中输入区间条件时输入的是各区间的上限值，如 0 ～ 800，输入的上限值则是 800。

编号	姓名	奖金		奖金区间	人数	
23080001	于倩	1350		800		
23080002	婧琳	1000		1000		
23080003	瑾萱	800		1200		
23080004	隽泽	850		1500		
23080005	景恩	1100				
23080006	瀚源	1400				
23080007	弘乐	780		打开		
23080008	宇铮	1530				

图 2-91

步骤 02 打开 ChatGPT 的聊天窗口，向其发送指令"在 Excel 工作表中，需要根据 E2:E5 单元格中的区间条件对 C2:C9 单元格中的值进行计数，请用 FREQUENCY 函数编写一个运算公式"。ChatGPT 即可根据提问回复用 FREQUENCY 函数编写的运算公式，如图 2-92 所示。

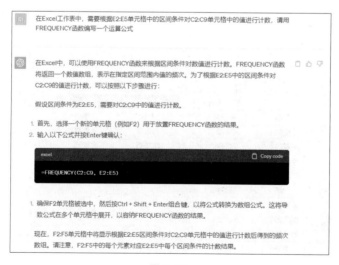

图 2-92

步骤 03 复制函数公式，返回 Excel 工作表，选择 F2:F5 单元格区域，❶在编辑栏中粘贴复制的公式：=FREQUENCY(C2:C9,E2:E5)；❷按 Ctrl + Shift + Enter 组合键确认即可统计符合区间条件的数量，如图 2-93 所示。

编号	姓名	奖金		奖金区间	人数
23080001	于倩	❶粘贴		800	2
23080002	婧琳	1000		1000	2
23080003	瑾萱	800		1200	1
23080004	隽泽	850		1500	2
23080005	景恩	1100			❷统计
23080006	瀚源	1400			
23080007	弘乐	780			
23080008	宇铮	1530			

SUM ∨ ⋮ × ✓ fx {=FREQUENCY(C2:C9,E2:E5)}

图 2-93

专家指点

在 Excel 中，当输入的公式为数组公式时，需要用 Ctrl + Shift + Enter 组合键将公式确认为数组公式。

在 Excel 中数组公式是一种特殊的公式，用于在多个单元格范围内进行计算，并返回多个结果。这些公式通常涉及数组操作，如对范围内的每个单元格进行计算、汇总或筛选。在确认数组公式后，Excel 会自动在公式周围添加大括号 {} 以表示结果是一个数组，无须手动输入大括号。

036 用 ChatGPT 自动更新日期和时间

扫码观看教学视频

在 Excel 中，TODAY 和 NOW 函数都是比较常用的日期和时间函数，TODAY 函数返回当前日期，NOW 函数返回当前日期和时间。下面通过实例介绍如何在 ChatGPT 中获取 TODAY 和 NOW 函数公式的使用方法。

步骤 01 打开一个工作表，如图 2-94 所示。需要在工作表中输入制表日期和制表时间。

步骤 02 打开 ChatGPT 的聊天窗口，在输入框中输入指令"在 Excel 工作表中，如何使用 TODAY 和 NOW 函数编写公式，使其可以自动更新制表日期和制表时间？"。按 Enter 键发送，稍等片刻 ChatGPT 即可根据提问回复 TODAY 和 NOW 函数的公式和使用方法，如图 2-95 所示。

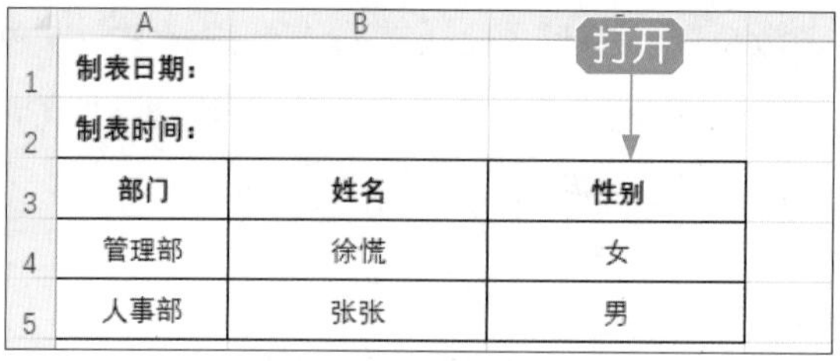

图 2-94

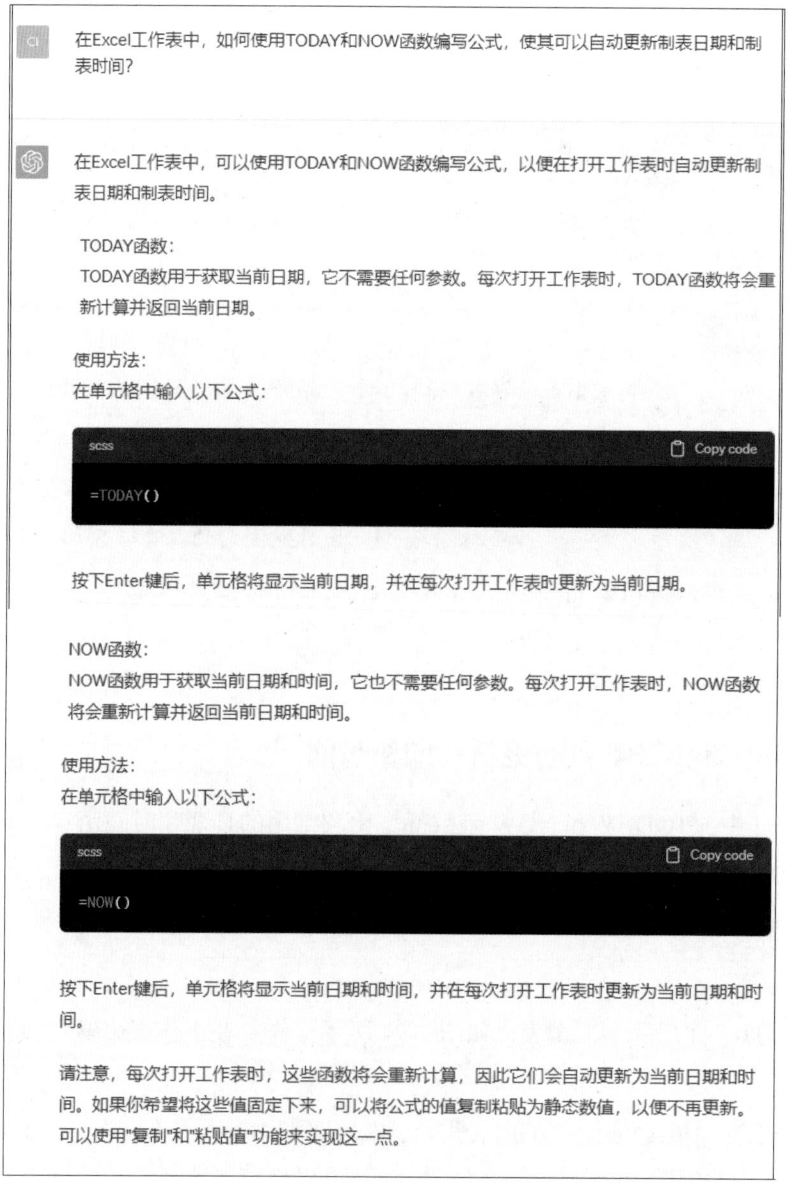

在Excel工作表中，如何使用TODAY和NOW函数编写公式，使其可以自动更新制表日期和制表时间？

在Excel工作表中，可以使用TODAY和NOW函数编写公式，以便在打开工作表时自动更新制表日期和制表时间。

TODAY函数：
TODAY函数用于获取当前日期，它不需要任何参数。每次打开工作表时，TODAY函数将会重新计算并返回当前日期。

使用方法：
在单元格中输入以下公式：

```scss
=TODAY()
```

按下Enter键后，单元格将显示当前日期，并在每次打开工作表时更新为当前日期。

NOW函数：
NOW函数用于获取当前日期和时间，它也不需要任何参数。每次打开工作表时，NOW函数将会重新计算并返回当前日期和时间。

使用方法：
在单元格中输入以下公式：

```scss
=NOW()
```

按下Enter键后，单元格将显示当前日期和时间，并在每次打开工作表时更新为当前日期和时间。

请注意，每次打开工作表时，这些函数将会重新计算，因此它们会自动更新为当前日期和时间。如果你希望将这些值固定下来，可以将公式的值复制粘贴为静态数值，以便不再更新。可以使用"复制"和"粘贴值"功能来实现这一点。

图 2-95

步骤 03 复制函数公式，返回 Excel 工作表，将两个公式分别粘贴在 B1 和 B2 单元格中，执行操作后，即可自动更新制表日期和时间，结果如图 2-96 所示。将工作表关闭后，下次再打开工作表时，B1 和 B2 单元格中的日期和时间会自动更新。

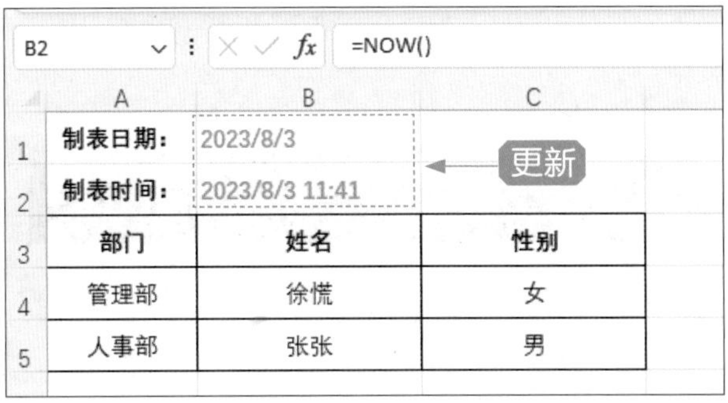

图 2-96

037 用 ChatGPT 计算日期之间的时间

扫码观看教学视频

DATEDIF 函数是 Excel 中的一个日期函数，用于计算两个日期之间的差距。该函数可以用于计算年龄、工龄以及项目持续时间等。下面通过实例介绍用 ChatGPT 编写 DATEDIF 函数公式计算两个日期之间相隔的时间的操作方法。

步骤 01 打开一个工作表，如图 2-97 所示。C 列为入职日期，D 列为离职日期，需要在工作表中计算离职员工的工龄。

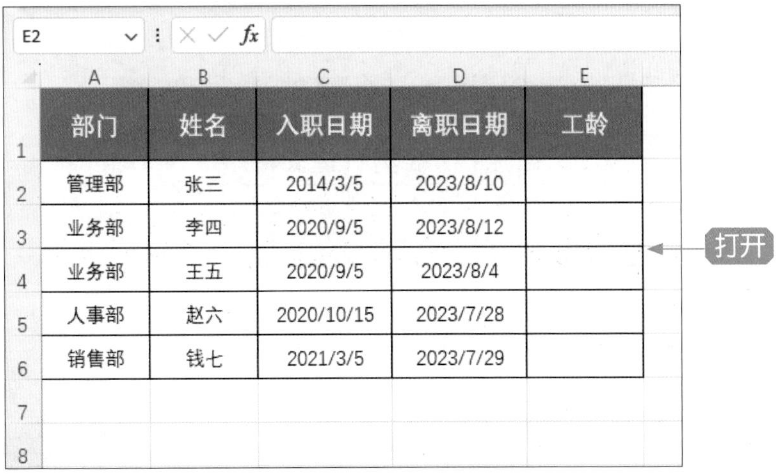

图 2-97

步骤 02 打开 ChatGPT 的聊天窗口，向 ChatGPT 发送指令"在 Excel 工作表中，C 列为入职日期，D 列为离职日期，如何使用 DATEDIF 函数公式，计算员工工龄？"。

ChatGPT 即可根据提问编写 DATEDIF 函数公式，如图 2-98 所示。

图 2-98

步骤 03 复制函数公式，返回 Excel 工作表，❶将公式粘贴在 E2 单元格中：
=DATEDIF(C2,D2,"Y")；❷填充公式至 E6 单元格，批量计算员工工龄，结果如图 2-99
所示。

部门	姓名	入职日期	离职日期	工龄
管理部	张三	2014/3/5	2023/8/10	9
业务部	李四	2020/9/5	2023/8/12	2
业务部	王五	2020/9/5	2023/8/4	2
人事部	赵六	2020/10/15	2023/7/28	2
销售部	钱七	2021/3/5	2023/7/29	2

图 2-99

038 用 ChatGPT 按条件计算满勤奖金

在 Excel 中，IF 函数被归类为逻辑函数，用于根据一个给定的条

扫码观看教学视频

件返回不同的值，在 Excel 中广泛用于条件判断和逻辑运算。下面以按条件计算满勤奖金为例，介绍使用 ChatGPT 编写 IF 函数公式的操作方法。

步骤 01 打开一个工作表，如图 2-100 所示。B 列为员工出勤天数，当出勤天数等于或大于标准天数时即为满勤，满勤的员工即可获得 500 元的奖金。

	A	B	C
1	员工	出勤标准：25天	满勤奖金：500元
2	雪华	23	
3	奕辰	25	
4	如萱	21	← 打开
5	雨竹	25	
6	逸云	26	
7	风华	24	
8			

图 2-100

步骤 02 打开 ChatGPT 的聊天窗口，在输入框中输入指令"在 Excel 工作表中，B 列为员工的出勤天数，当出勤天数等于或大于 25 天时即为满勤，满勤的员工即可获得 500 元的奖金，如何用 IF 函数公式来进行计算？"。按 Enter 键发送，ChatGPT 即可根据提问编写 IF 函数公式，如图 2-101 所示。

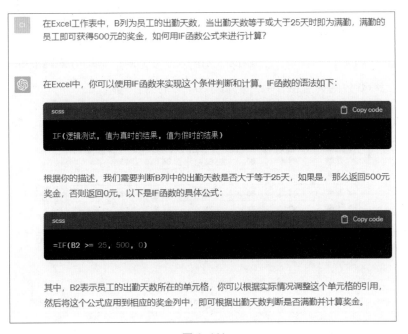

图 2-101

步骤 03 复制函数公式，返回 Excel 工作表，**❶**将公式粘贴在 C2 单元格中：=IF(B2>=25,500,0)；**❷**将公式填充至 C7 单元格，批量计算员工满勤奖金，结果如图 2-102 所示。

员工	出勤标准：25天	满勤奖金：500元
雪华	❶粘贴	0
奕辰	25	500
如萱	❷计算	0
雨竹	25	500
逸云	26	500
风华	24	0

图 2-102

039 用 ChatGPT 多条件判断学生成绩等次

扫码观看教学视频

038 例介绍了用 ChatGPT 编写 IF 函数公式按单个条件计算的操作方法，除了单个条件，IF 函数还可以结合 AND 函数根据多个条件进行判断和计算。下面以多条件判断学生成绩等次为例，介绍用 ChatGPT 编写 IF 函数和 AND 函数公式的方法。

步骤 01 打开一个工作表，如图 2-103 所示。需要在 G 列对各个学生的成绩进行等次评定：各科分数平均分为 80 以上，且没有一科分数低于 70 分的为优秀；平均分 80 分以上，如果有一科以上分数低于 70 分的为优良；平均分 60 到 79 分之间，且没有一科低于 60 分的为合格，有一科低于 60 分的为挂科。

学生姓名	古代汉语	现代汉语	文学理论	古代文学	现代文学	成绩等次
岳风	84	80	83	84	85	
靖然	59	70	92	77	46	
翠柳	74	80	89	69	92	打开
飞霜	87	74	71	91	92	
芷若	94	85	70	82	62	
琪华	77	82	83	78	93	

图 2-103

步骤 02 打开 ChatGPT 的聊天窗口，在输入框中输入指令"在工作表中，B 列至 F 列是科目分数，需要用 IF 函数和 AND 函数编写一个多条件判断公式：各科分数平均分为 80 以上，且没有一科分数低于 70 分的为优秀；平均分 80 分以上，如果有一科以上分数低于 70 分的为优良；平均分 60 到 79 分之间，且没有一科低于 60 分的为合格，有一科低于 60 分的为挂科"。按 Enter 键发送，ChatGPT 即可根据提问编写多条件判断公式，如图 2-104 所示。

图 2-104

步骤 03 复制函数公式，返回 Excel 工作表，❶将公式粘贴在 G2 单元格中：=IF(AND(AVERAGE(B2:F2)>=80,MIN(B2:F2)>=70)," 优 秀 ",IF(AND (AVERAGE (B2:F2)>= 80, COUNTIF(B2:F2,"<70")>0)," 优良 ",IF(AND(AVERAGE(B2:F2)>=60,MIN (B2:F2)>= 60)," 合格 "," 挂科 ")))；❷将公式填充至 G7 单元格，批量判断学生成绩等次，结果如图 2-105 所示。

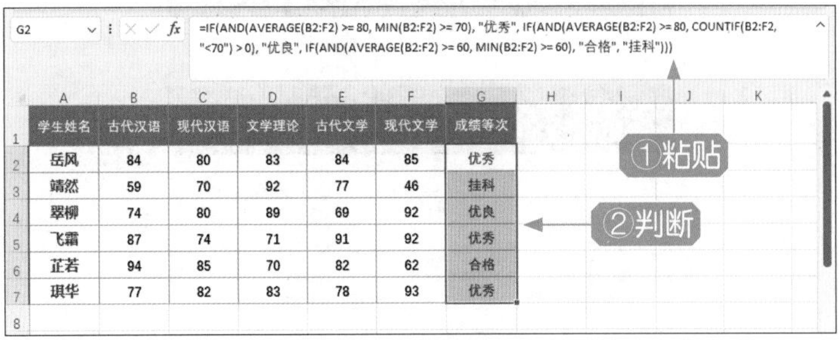

图 2-105

040 用 ChatGPT 提取开始时间和结束时间

扫码观看教学视频

在 Excel 中，LEFT 函数用于从文本字符串中提取左侧指定长度的字符，RIGHT 函数用于从文本字符串中提取右侧指定长度的字符。这两个函数常用于截取字符串的操作，方便提取需要的信息。下面以提取开始时间和结束时间为例，介绍使用 ChatGPT 编写 LEFT 和 RIGHT 函数公式的操作方法。

步骤 01 打开一个工作表，如图 2-106 所示。A 列中的时间含数字和符号在内共 5 个字符，需要在表格中将活动流程的开始时间和结束时间从 A 列分别提取出来。

活动时间安排	活动流程	开始时间	结束时间
09:00—09:30	参加者签到和注册		
09:30—10:00	主持人开幕致词		
10:00—11:30	体育竞赛		
11:30—12:30	午餐休息		
12:30—14:00	团队活动		
14:00—15:30	水上竞赛		
15:30—16:00	闭幕颁奖		

图 2-106

步骤 02 打开 ChatGPT 的聊天窗口，在输入框中输入指令"在 Excel 工作表中，时间为 5 个字符，如何用 LEFT 函数和 RIGHT 函数各编写一个公式，将 A 列中的开始时间和结束时间提取出来？"。按 Enter 键发送，ChatGPT 即可根据提问编写函数公式，如图 2-107 所示。

图 2-107

步骤 03 复制 LEFT 函数公式，返回 Excel 工作表，选择 C2:C8 单元格区域，❶将公式粘贴在编辑栏中并将引用的 A1 改为 A2：=LEFT(A2,5)；❷按 Ctrl + Enter 快捷键批量提取开始时间，如图 2-108 所示。

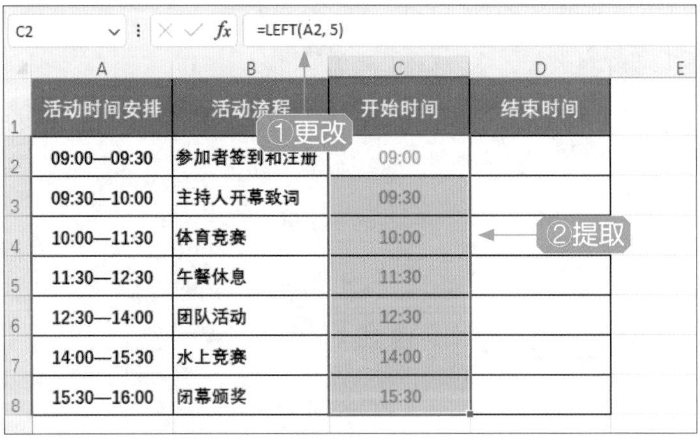

图 2-108

步骤 04 复制 RIGHT 函数公式，在 Excel 工作表中，选择 D2:D8 单元格区域，❶将公式粘贴在编辑栏中并将引用的 A1 改为 A2：=RIGHT(A2,5)；❷按 Ctrl + Enter 快捷键批量提取结束时间，如图 2-109 所示。

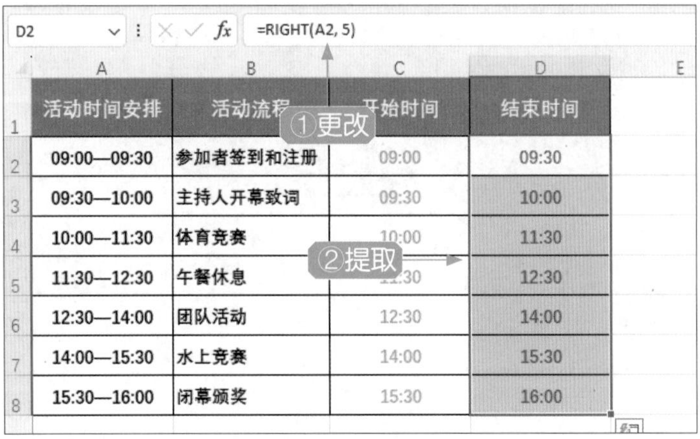

图 2-109

第 **3** 章

高效办公：用 ChatGPT 处理数据

学习提示

　　高效办公是现代企业和个人必不可少的核心竞争力，通过利用 ChatGPT 的强大功能，尤其是它在数据筛查方面的应用，用户能够更加高效地处理数据，释放出更多时间，专注于更重要的工作任务。

本章重点导航

◇ 用 ChatGPT 筛选、检查、排序数据

◇ 用 ChatGPT 提取数据

◇ 用 ChatGPT 查找数据

3.1 用 ChatGPT 筛选、检查、排序数据

在 Excel 中，当工作表中的数据内容较多、较密时，用户可以用 ChatGPT 协助筛选数据、检查数据以及对数据进行排序等操作。在使用 ChatGPT 时，用户需要确保提供清晰明确的指令，以便它能够更好地理解用户的所需所求，提供准确的帮助。

041 用 ChatGPT 筛选无用数据

扫码观看教学视频

在 Excel 表格数据处理中，当表格数据内容较多时，筛选出无用数据常常是一个费时费力的任务。然而，借助 ChatGPT 的智能和强大的数据处理能力，这一任务可以得到显著简化。下面通过实例向大家介绍用 ChatGPT 提供的方法筛选无用数据的具体操作。

步骤 01 打开一个工作表，如图 3-1 所示。需要将购买记录为空的数据筛选出来并删除。

	A	B	C
1	客户	会员ID	购买记录
2	瑶光	23010001	23次
3	晴虹	23011552	2次
4	玫琳	23011005	13次
5	诗柔	23010552	1次
6	韵华	23010153	3次
7	莫欺	23011222	
8	娴静	23010553	18次
9	瑞雪	23010325	13次
10	海潮	23010456	
11	昊空	23010111	5次
12	博涉	23010003	19次
13	靖然	23010010	20次
14	朗逸	23010210	23次

（打开）

图 3-1

步骤 02 打开 ChatGPT 的聊天窗口，在输入框中输入指令"在 Excel 工作表中，A 列为客户姓名、B 列为会员 ID、C 列为购买记录，可以用什么方法筛选出购买记录为空的客户数据并删除？"。按 Enter 键发送，ChatGPT 即可提供筛选并删除无用数据的方法，如图 3-2 所示。

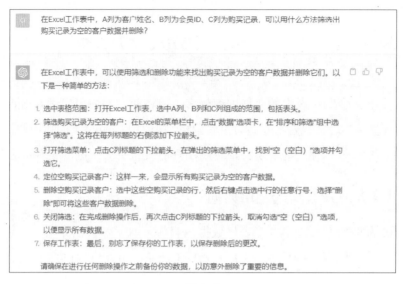

图 3-2

步骤 03 参考 ChatGPT 提供的方法，在 Excel 工作表中，❶选择 A1:C1 单元格区域；❷在"数据"功能区的"排序和筛选"面板中单击"筛选"按钮，如图 3-3 所示。

步骤 04 执行操作后，即可添加筛选下拉按钮，❶单击 C1 单元格中的筛选下拉按钮；❷在展开的列表框中取消选中"（全选）"复选框并选中"（空白）"复选框，如图 3-4 所示。

图 3-3

图 3-4

步骤 05 单击"确定"按钮或按 Enter 键，即可筛选出购买记录为空的数据行，❶按住 Ctrl 键的同时选择筛选出的数据行，单击鼠标右键；❷在弹出的快捷菜单中选择"删除行"命令，如图 3-5 所示。

步骤 06 将数据行删除后，展开筛选列表框，选中"（全选）"复选框，单击"确定"按钮，即可显示全部数据，结果如图 3-6 所示。此时购买记录为空的数据已被删除。

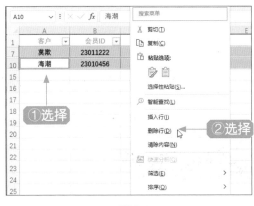

图 3-5

客户	会员ID	购买记录
瑶光	23010001	23次
晴虹	23011552	2次
玟琳	23011005	13次
诗柔	23010552	1次
韵华	23010153	3次
娴静	23010553	18次
瑞雪	23010325	13次
昊空	23010111	5次
博涉	23010003	19次
靖然	23010010	20次
朗逸	23010210	23次

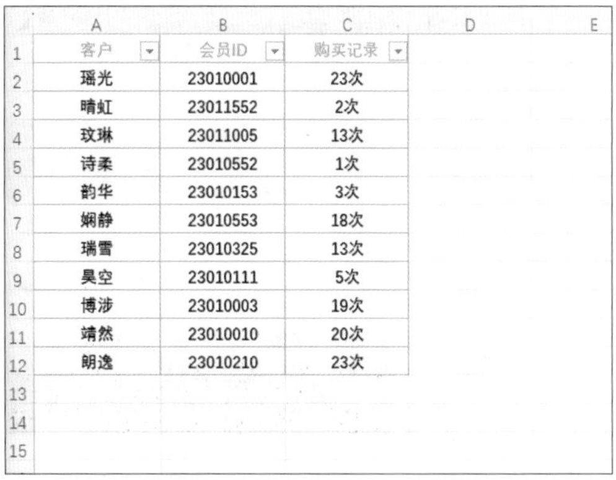

图 3-6

042 用 ChatGPT 协助检查数据

使用 ChatGPT 协助检查 Excel 工作表中的数据，可以高效发现错误和问题，确保数据质量，让用户办公时可以更加准确和可靠。下面介绍用 ChatGPT 协助检查数据的操作方法。

扫码观看教学视频

步骤 01 打开一个工作表，如图 3-7 所示。需要检查工作表中是否有空白的单元格，是否有资料未填写。

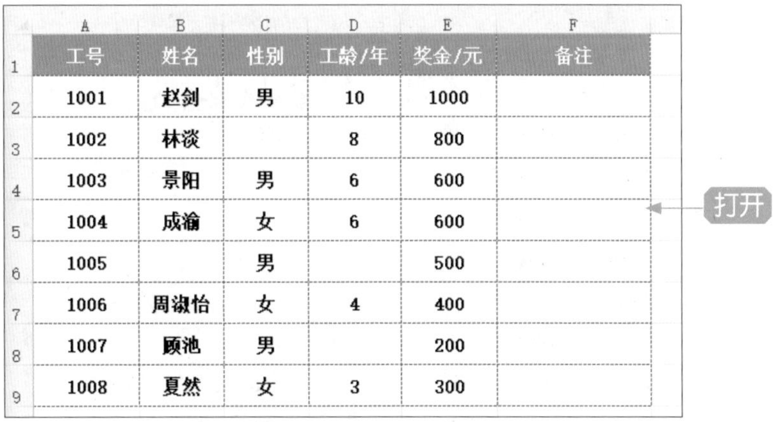

工号	姓名	性别	工龄/年	奖金/元	备注
1001	赵剑	男	10	1000	
1002	林淡		8	800	
1003	景阳	男	6	600	
1004	成渝	女	6	600	
1005		男		500	
1006	周淑怡	女	4	400	
1007	顾池	男		200	
1008	夏然	女	3	300	

图 3-7

步骤 02 打开 ChatGPT 的聊天窗口，在输入框中输入指令“在 Excel 中，使用函数公式检查 A2:E9 单元格中是否都有输入资料，如有空白的单元格，需要在 F2:F9 单元格中提示‘有资料未填写’”。按 Enter 键发送，ChatGPT 即可编写一个检查公式，如图 3-8 所示。

图 3-8

步骤 **03** 复制 ChatGPT 编写的公式，返回 Excel 工作表，选择 F2:F9 单元格区域，❶ 在编辑栏中粘贴：=IF(COUNTBLANK(A2:E2)>0," 有资料未填写 ","")；❷ 按 Ctrl ＋ Enter 快捷键即可批量检查是否有资料未填写，结果如图 3-9 所示。

工号	姓名	性别	工龄/年	奖金/元	备注
1001	赵剑	男	10	1000	
1002	林淡		8	800	有资料未填写
1003	景阳	男	6	600	
1004	成渝	女	6	600	
1005		男		500	有资料未填写
1006	周淑怡	女	4	400	
1007	顾池	男		200	有资料未填写
1008	夏然	女	3	300	

①粘贴 — fx — =IF(COUNTBLANK(A2:E2)>0,"有资料未填写","")

②检查

图 3-9

043 用 ChatGPT 排序表格数据

在 Excel 表格中对数据进行排序是非常常见的需求，而 ChatGPT 可以帮助用户更加便捷地完成这一任务。下面介绍用 ChatGPT 提供的

扫码观看教学视频

方法对表格数据进行排序的具体操作。

步骤 01 打开一个工作表，如图 3-10 所示。需要根据日期对销量从高到低进行排序。

	A	B	C	D	E
1	日期	客户	负责人	销量	
2	9月1日	花素	周熙然	5000	
3	9月1日	科达	程梅加	4800	
4	9月2日	洛奇	陆海	4300	← 打开
5	9月3日	宝瑞	李素	5210	
6	9月2日	墨尚	伍长华	6420	
7	9月4日	麓园	罗水清	4500	
8	9月3日	珂驰	邱月	6400	
9	9月1日	枫叶红	章倩	4500	

图 3-10

步骤 02 打开 ChatGPT 的聊天窗口，在输入框中输入指令"在 Excel 工作表中，A 列为日期、B 列为客户、C 列为负责人、D 列为销量，需要根据日期对销量从高至低进行排序"。按 Enter 键发送，ChatGPT 即可提供排序表格数据的方法，如图 3-11 所示。

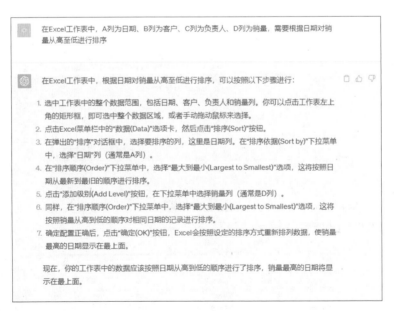

图 3-11

步骤 03 参考 ChatGPT 提供的方法，在 Excel 工作表中，全选表格数据，在"数据"功能区的"排序和筛选"面板中单击"排序"按钮，如图 3-12 所示。

图 3-12

步骤 04 弹出"排序"对话框，展开"排序依据"列表框，选择"日期"选项，如图 3-13 所示。

图 3-13

步骤 05 默认"次序"为"升序"，表示日期从小到大排序，单击"添加条件"按钮，如图 3-14 所示。

图 3-14

步骤 06 执行操作后，即可添加第 2 个排序项，展开"次要关键字"列表，选择"销量"选项，如图 3-15 所示。

图 3-15

步骤 07 执行操作后，展开"次序"列表，选择"降序"选项，如图 3-16 所示，表示销量从高到低排序。

图 3-16

步骤 08 单击"确定"按钮，即可对表格数据进行排序，结果如图 3-17 所示。

日期	客户	负责人	销量
9月1日	花素	周熙然	5000
9月1日	科达	程梅加	4800
9月1日	枫叶红	章倩	4500
9月2日	墨尚	伍长华	6420
9月2日	洛奇	陆海	4300
9月3日	珂驰	邱月	6400
9月3日	宝瑞	李素	5210
9月4日	麓园	罗水清	4500

图 3-17

3.2 用 ChatGPT 提取数据

提取数据是指从表格文本中抽取出特定的信息或数据，以便进一步分析和处理。用户可以结合 ChatGPT 提供的方法和计算公式等，在 Excel 中提取数据。

044 用 ChatGPT 提取姓名后面的职称

在 Excel 表格中，当员工姓名和职称在同一个单元格中时，用户可以向 ChatGPT 询问单独提取职称的方法。下面介绍具体操作。

扫码观看教学视频

步骤 01 打开一个工作表，如图 3-18 所示。在 B 列单元格中有一个空格分隔姓名和职称，需要在 D 列将 B 列中的职称单独提取出来。

	A	B	C	D	E
1	编号	员工	部门	职称	
2	1001	周熙 经理	管理部		
3	1002	卢月 主管	美工部		
4	1003	周晓梅 总监	美工部		
5	1004	陈谷 副总	管理部		
6	1005	罗霄 部长	销售部		
7	1006	赵莉 主管	销售部		
8	1007	陈科 经理	财务部		
9	1008	朱茜美 主管	人事部		

图 3-18

步骤 02 打开 ChatGPT 的聊天窗口，在输入框中输入指令"在 Excel 工作表中，B 列为员工姓名和职称，且姓名和职称之间有一个空格，例如'周熙 经理'，其中'周熙'为姓名，'经理'为职称，需要在 D 列将 B 列中的职称提取出来，有什么方法可以解决？"。按 Enter 键发送，ChatGPT 即可提供提取职称的公式，如图 3-19 所示。

图 3-19

步骤 03 复制 ChatGPT 提供的提取公式，在 Excel 工作表中，❶选择 D2:D9 单元格区域；❷在编辑栏中粘贴复制的公式：=RIGHT(B2,LEN(B2)-FIND("",B2))，如图 3-20 所示。

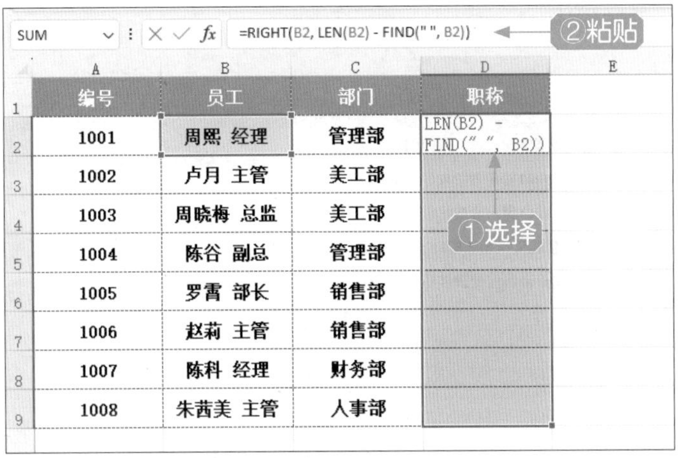

图 3-20

步骤 04 按 Ctrl + Enter 快捷键确认，即可批量提取员工姓名后面的职称，结果
如图 3-21 所示。

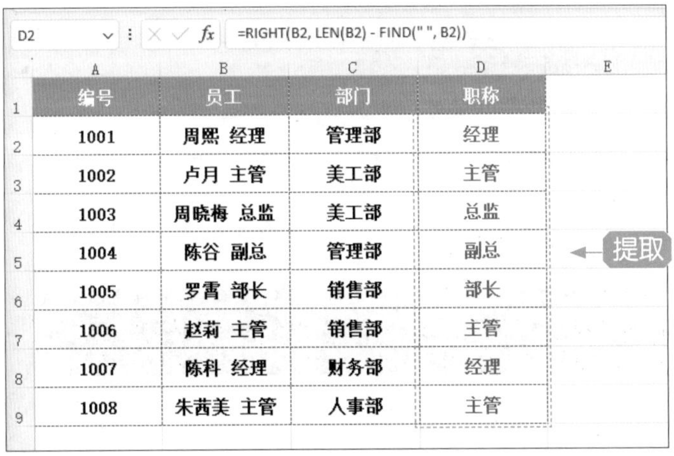

图 3-21

045 用 ChatGPT 提取指定位置的标题

在 Excel 中，当需要批量提取的内容格式和位置一致时，可以让
ChatGPT 用函数公式来进行提取。例如，表格中的标题文本格式为
"XXXX：XXXXXX"，前缀名为 5 个字符，需要提取前缀名后面的

扫码观看教学视频

内容，则可以指定提取第 6 个字符开始的剩余部分内容。下面介绍用 ChatGPT 提取指
定位置的标题的操作方法。

步骤 01 打开一个工作表，如图 3-22 所示。在 A 列单元格中的文章标题都有 4
个汉字作为前缀名，加上冒号，前缀名共有 5 个字符，需要将第 6 个字符开始的标题

内容提取到 B 列单元格中。

图 3-22

步骤 02 打开 ChatGPT 的聊天窗口，在输入框中输入指令"在 Excel 工作表中，A 列为文章标题，需要在 B 列将 A 列单元格中第 6 个字符开始的内容提取出来，可以用什么函数公式解决？"。按 Enter 键发送，ChatGPT 即可提供提取标题的公式，如图 3-23 所示。

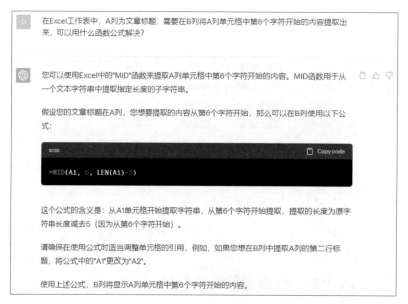

图 3-23

步骤 03 复制 ChatGPT 提供的提取公式，在 Excel 工作表中，❶选择 B2:B6 单元格区域；❷在编辑栏中粘贴复制的公式，并将 A1 改为 A2：=MID(A2,6,LEN(A2)-5)，如图 3-24 所示。

步骤 04 按 Ctrl + Enter 快捷键确认，即可批量提取指定位置的标题内容，结果如图 3-25 所示。

图 3-24

图 3-25

046 用 ChatGPT 提取身份证号中的出生日期

扫码观看教学视频

众所周知，每个人的身份证号中都包含了各自的出生日期。在 Excel 中，用户可以根据提供的身份证号，结合 ChatGPT 从中将出生日期提取出来。下面通过实例介绍具体的操作方法。

步骤 01 打开一个工作表，如图 3-26 所示。A 列单元格为虚拟的身份证号，需要将出生日期提取到 B 列单元格中。

	A	B
1	身份证虚拟号	提取出生日期
2	100010198703103085	
3	100010197705084622	
4	100010199506061504	
5	100010199907263600	
6	100010200305207601	
7		

图 3-26

步骤 02 打开 ChatGPT 的聊天窗口，在输入框中输入指令"在 Excel 工作表中，A 列单元格为身份证号，需要将出生日期提取到 B 列中，可以用什么函数公式解决？"。按 Enter 键发送，ChatGPT 即可提供提取出生日期的公式，如图 3-27 所示。

图 3-27

步骤 [03] 复制 ChatGPT 提供的公式,在 Excel 工作表中,❶ 选择 B2:B6
单元格区域;❷ 在编辑栏中粘贴复制的公式:=DATEVALUE(MID(A2,7,4)&"-
"&MID(A2,11,2)&"-"&MID(A2,13,2)),如图 3-28 所示。

SUM	②粘贴 ✓ fx	=DATEVALUE(MID(A2,7,4)&"-"&MID(A2,11,2)&"-"&MID(A2,13,2))

	A	B
1	身份证虚拟号	提取出生日期
2	100010198703103085	=DATEVALUE(MID(A2,7,4)&"-"&MID(A2,11,2)&"-"&MID(A2,13,2))
3	100010197705084622	
4	100010199506061504	①选择
5	100010199907263600	
6	100010200305207601	

图 3-28

步骤 [04] 按 Ctrl + Enter 快捷键确认,即可返回一组数字,如图 3-29 所示。

B2	∨ : × ✓ fx	=DATEVALUE(MID(A2,7,4)&"-"&MID(A2,11,2)&"-"&MID(A2,13,2))

	A	B
1	身份证虚拟号	提取出生日期
2	100010198703103085	31846
3	100010197705084622	28253 ← 返回
4	100010199506061504	34856
5	100010199907263600	36367
6	100010200305207601	37761

图 3-29

步骤 05 在"开始"功能区的"数字"面板中，❶单击"数字格式"下拉按钮；❷在弹出的列表框中选择"长日期"选项，如图 3-30 所示。

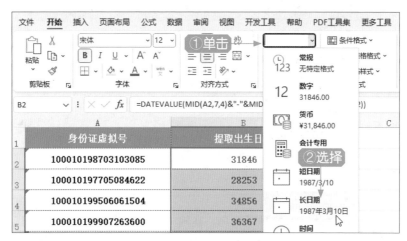

图 3-30

步骤 06 执行操作后，即可批量设置单元格格式，完成出生日期的提取操作，结果如图 3-31 所示。

图 3-31

047 用 ChatGPT 根据身份证号计算年龄

除了可以在身份证号中提取出生日期，用户还可以在 Excel 中结合 ChatGPT 根据身份证号计算出年龄。下面通过实例介绍具体的操作方法。

扫码观看教学视频

步骤 01 打开一个工作表，如图 3-32 所示。A 列单元格为虚拟的身份证号，需要在 B 列单元格中根据身份证号计算出年龄。

图 3-32

步骤 02 打开 ChatGPT 的聊天窗口，在输入框中输入指令"在 Excel 工作表中，A 列单元格为身份证号，需要根据身份证号计算出年龄，可以用什么函数公式解决？"。按 Enter 键发送，ChatGPT 即可提供根据身份证号计算年龄的公式，如图 3-33 所示。

图 3-33

步骤 03 复制 ChatGPT 提供的公式，在 Excel 工作表中，❶选择 B2:B6 单元格区域；❷在编辑栏中粘贴复制的公式：=INT((TODAY()-DATEVALUE(MID(A2,7,4)&"-"&MID(A2,11,2)&"-"& MID(A2,13,2)))/365)，如图 3-34 所示。

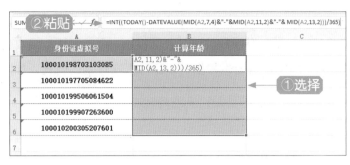

图 3-34

步骤 04 按 Ctrl + Enter 快捷键确认，即可根据身份证号批量计算年龄，如图 3-35 所示。

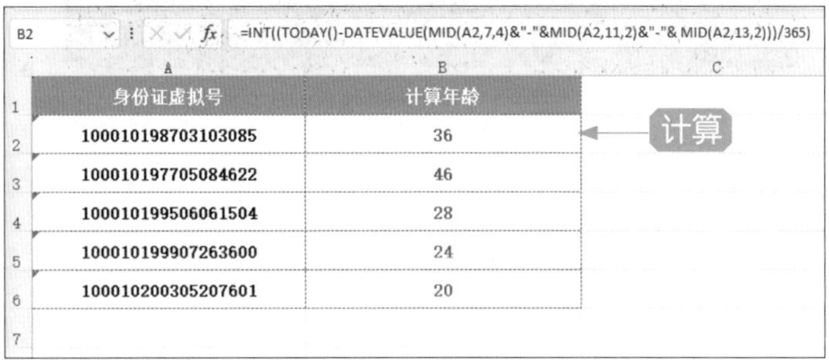

图 3-35

048 用 ChatGPT 根据身份证号判断性别

扫码观看教学视频

通常在身份证号中，倒数第 2 位数字如果是奇数则为男性，如果是偶数则为女性，因此用户可以用 ChatGPT 编写计算公式，用于在 Excel 中判断性别。下面通过实例介绍具体的操作方法。

步骤 01 打开一个工作表，如图 3-36 所示。A 列单元格为虚拟的身份证号，需要在 B 列单元格中根据身份证号判断出性别。

图 3-36

步骤 02 打开 ChatGPT 的聊天窗口，在输入框中输入指令"在 Excel 工作表中，A 列单元格为身份证号，需要根据身份证号判断性别，可以用什么函数公式解决？"。按 Enter 键发送，ChatGPT 即可提供根据身份证号判断性别的公式，如图 3-37 所示。

图 3-37

步骤 03 复制 ChatGPT 提供的计算公式，在 Excel 工作表中，❶ 选择 B2:B6 单元格区域；❷ 在编辑栏中粘贴复制的公式，并将 A1 改为 A2：=IF(MID(A2,LEN(A2)-1,1)*1=1," 男 "," 女 ")，如图 3-38 所示。

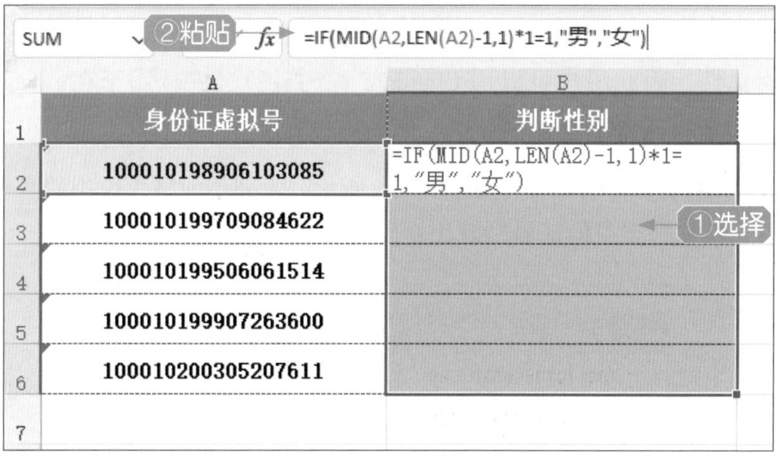

A	B
身份证虚拟号	判断性别
100010198906103085	=IF(MID(A2,LEN(A2)-1,1)*1=1,"男","女")
100010199709084622	
100010199506061514	
100010199907263600	
100010200305207611	

fx =IF(MID(A2,LEN(A2)-1,1)*1=1,"男","女")

图 3-38

步骤 04 按 Ctrl + Enter 快捷键确认，即可根据身份证号判断性别，如图 3-39 所示。

| B2 | $\vee$ | $:$ $\times$ $\checkmark$ f_x | =IF(MID(A2,LEN(A2)-1,1)*1=1,"男","女") |

	A	B
1	身份证虚拟号	判断性别
2	100010198906103085	女
3	100010199709084622	女 ←判断
4	100010199506061514	男
5	100010199907263600	女
6	100010200305207611	男
7		

图 3-39

3.3 用 ChatGPT 查找数据

和提取数据一样，ChatGPT 也可以在用户需要查找 Excel 表格数据时给予一定的帮助，让用户可以通过各种函数和工具，轻松地在表格中查找到需要的数据。无论是简单的查找需求，还是基于条件的高级数据检索，结合 ChatGPT 和 Excel 一起使用，都可以为用户提供多种方法来满足不同的查找需求。

049 用 ChatGPT 高亮显示销售数据

扫码观看教学视频

在 Excel 表格中，数据高亮显示可以让用户更容易识别和分析数据，用户可以向 ChatGPT 询问在 Excel 中高亮显示数据的方法。一般情况下，ChatGPT 首先提供的是比较简单的方法，并会详细写明操作步骤。下面通过实例介绍具体的操作方法。

步骤 01 打开一个工作表，如图 3-40 所示。D 列为销量，需要将销量超过 500 的单元格进行高亮显示。

步骤 02 打开 ChatGPT 的聊天窗口，在输入框中输入指令"在 Excel 工作表中，D 列为销量，需要将销量超过 500 的单元格进行高亮显示，可以用什么方法解决？"。按 Enter 键发送，ChatGPT 即可提供高亮显示销售数据的方法，如图 3-41 所示。

	A	B	C	D	
1	日期	销售人员	销售区域	销量	
2	9月1日	张三	A区	320	
3	9月2日	李四	B区	330	
4	9月2日	王五	C区	450	
5	9月3日	赵六	D区	510	← 打开
6	9月4日	张三	A区	520	
7	9月4日	李四	B区	400	
8	9月5日	张三	A区	450	
9	9月5日	王五	C区	390	
10	9月5日	赵六	D区	600	
11	9月6日	李四	B区	480	
12					

图 3-40

图 3-41

步骤 03 参考 ChatGPT 提供的方法，在 Excel 工作表中，选择 D2:D11 单元格区域，在"开始"功能区的"样式"面板中，❶单击"条件格式"下拉按钮；❷在展开的列表框中选择"新建规则"选项，如图 3-42 所示。

步骤 04 弹出"新建格式规则"对话框，❶选择"使用公式确定要设置格式的单元格"选项；在"为符合此公式的值设置格式"文本框中输入 ChatGPT 提供的公式，❷并修改 D1 为 D2：=D2>500，如图 3-43 所示，表示从 D2 单元格开始设置条件格式。

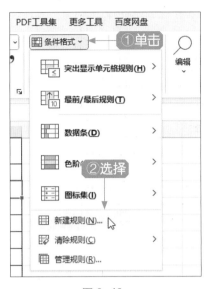

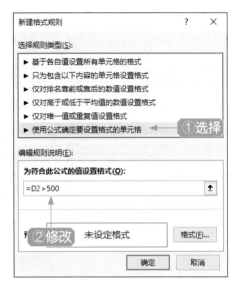

图 3-42   图 3-43

步骤 05 单击"格式"按钮，弹出"设置单元格格式"对话框，在"填充"选项卡中选择黄色色块，如图 3-44 所示。

图 3-44

步骤 06 单击"确定"按钮，返回工作表，即可高亮显示销量大于 500 的单元格，如图 3-45 所示。

	A	B	C	D	E
1	日期	销售人员	销售区域	销量	
2	9月1日	张三	A区	320	
3	9月2日	李四	B区	330	
4	9月2日	王五	C区	450	
5	9月3日	赵六	D区	510	
6	9月4日	张三	A区	520	
7	9月4日	李四	B区	400	
8	9月5日	张三	A区	450	
9	9月5日	王五	C区	390	
10	9月5日	赵六	D区	600	
11	9月6日	李四	B区	480	
12					

图 3-45

050 用 ChatGPT 多对一查询部门负责人

扫码观看教学视频

在 Excel 工作表中，多对一查询是指从多个查找值中查询到对应的一个结果。用户可以用 ChatGPT 编写 INDEX 函数和 MATCH 函数组合公式来进行多对一查询。MATCH 函数可以定位要查询的值在另一个列中的位置，然后 INDEX 函数即可根据该位置返回对应的值。下面通过实例介绍具体的操作方法。

步骤 01 打开一个工作表，如图 3-46 所示。左边的表格为源数据查询区，右边的表格为查询结果区，需要根据 E 列单元格中的部门名称，在 C 列查找对应的负责人姓名并返回结果至 F 列中。

	A	B	C	D	E	F
1	序号	部门	负责人		部门	负责人
2	1	管理部	张展		业务部	
3	2	人事部	鲁岳		设计部	
4	3	财务部	周美星			←打开
5	4	业务部	张月林			
6	5	销售部	常柏杰			
7	6	设计部	瞿颖			
8	7	生产部	安怡			
9						

图 3-46

步骤 02 打开 ChatGPT 的聊天窗口，在输入框中输入指令"在 Excel 工作表中，A:C 列为源数据，其中 B 列为部门、C 列为负责人姓名，需要根据 E 列单元格中提供的部

门名称，找到对应的负责人姓名并返回结果至 F 列，编写一个 INDEX 函数和 MATCH
函数组合公式"。按 Enter 键发送，ChatGPT 即可提供查询部门负责人的公式，如图 3-47
所示。

图 3-47

步骤 03 复制 ChatGPT 提供的计算公式，在 Excel 工作表中，❶选择 F2:F3 单
元格区域；❷在编辑栏中粘贴复制的公式：=INDEX(C2:C10,MATCH(E2,B2:B10,0))，
如图 3-48 所示。

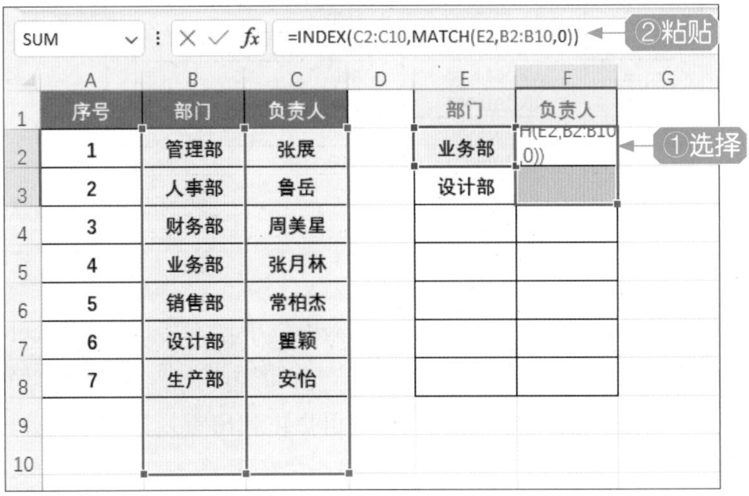

图 3-48

步骤 04 按 Ctrl + Enter 快捷键确认，即可多对一查询部门负责人，如图 3-49 所示。

F2				f_x	=INDEX(C2:C10,MATCH(E2,B2:B10,0))	
	A	B	C	D	E	F
1	序号	部门	负责人		部门	负责人
2	1	管理部	张展		业务部	张月林
3	2	人事部	鲁岳		设计部	瞿颖
4	3	财务部	周美星			
5	4	业务部	张月林			
6	5	销售部	常柏杰			
7	6	设计部	瞿颖			
8	7	生产部	安怡			

图 3-49

📖 051 用 ChatGPT 找出重复的订单号

扫码观看教学视频

在 Excel 工作表中，当用户需要找出重复的数据时，可以用 ChatGPT 编写函数公式找出某一列中的数据是否有重复的内容。下面通过实例介绍具体的操作方法。

步骤 01 打开一个工作表，如图 3-50 所示。B 列为订单号，要找出是否有重复的订单号，并将结果返回 D 列单元格中。

	A	B	C	D
1	序号	订单号	订单量	订单是否重复
2	1	1001011000	1100	
3	2	1001012000	1200	
4	3	1001013000	1100	← 打开
5	4	1001012000	1000	
6	5	1001014000	800	
7	6	1001015000	900	
8	7	1001015000	1300	
9	8	1001018000	1200	
10				
11				

图 3-50

步骤 02 打开 ChatGPT 的聊天窗口，在输入框中输入指令"在 Excel 工作表中，B 列为订单号，需要找出是否有重复的订单号，并将结果返回 D 列单元格中，可以用什么方法解决？"。按 Enter 键发送，ChatGPT 即可提供找出重复订单号的公式，如图 3-51 所示。

步骤 03 复制 ChatGPT 提供的计算公式，在 Excel 工作表中，❶选择 D2:D9

单元格区域；❷在编辑栏中粘贴复制的公式：=IF(COUNTIF($B$2:$B$100,B2)>1,
" 重复 ",""),如图 3-52 所示。

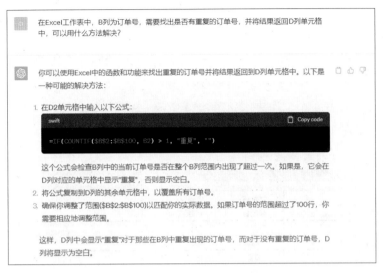

图 3-51

图 3-52

步骤 04 按 Ctrl ＋ Enter 快捷键确认，即可找出重复的订单，如图 3-53 所示。

	A	B	C	D
1	序号	订单号	订单量	订单是否重复
2	1	1001011000	1100	
3	2	1001012000	1200	重复
4	3	1001013000	1100	
5	4	1001012000	1000	重复
6	5	1001014000	800	
7	6	1001015000	900	重复
8	7	1001015000	1300	重复
9	8	1001018000	1200	

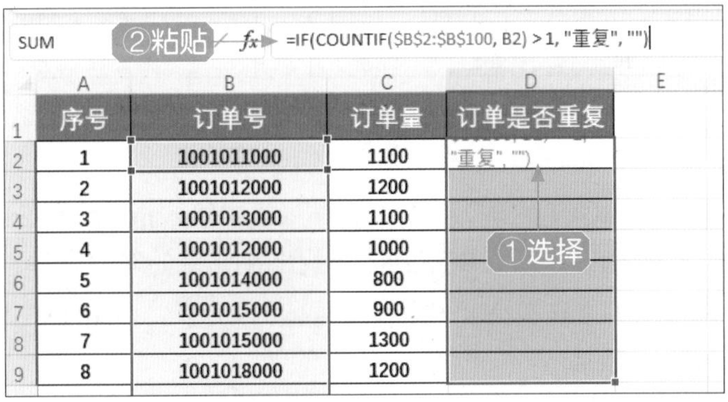

图 3-53

扫码观看教学视频

052 用 ChatGPT 根据指定城市查找客户

在 Excel 中，有些函数可以根据指定的条件从数据范围中查找数据。例如，在一个客户名单表中包含姓名和城市，要根据指定的城市查找客户名单，当用户不确定是哪个函数时，可以让 ChatGPT 来编写函数公式。下面通过实例介绍具体的操作方法。

步骤 01 打开一个工作表，如图 3-54 所示。B 列为客户姓名，C 列为客户所在城市，需要找出在北京的客户名单。

序号	客户姓名	所在城市		在北京的客户名单
1	仇紫嫣	天津		
2	李如轩	上海		
3	陈雨竹	北京		打开
4	洛珠	成都		
5	周蕾	北京		
6	林瑾瑜	北京		
7	奕辰	成都		
8	吴天	上海		
9	宁静	上海		
10	林浩然	北京		

图 3-54

步骤 02 打开 ChatGPT 的聊天窗口，在输入框中输入指令"在 Excel 工作表中，B 列为客户姓名、C 列为客户所在城市，需要找出在北京的客户名单，并将结果返回 E 列单元格中，可以用哪个函数公式？"。按 Enter 键发送，ChatGPT 即可提供找出客户名单的公式，如图 3-55 所示。

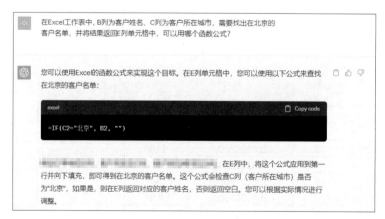

图 3-55

步骤 03 复制 ChatGPT 提供的计算公式，在 Excel 工作表中，选择 E2:E11 单元格区域；在编辑栏中粘贴复制的公式：=IF(C2=" 北京 ",B2,"")，如图 3-56 所示。

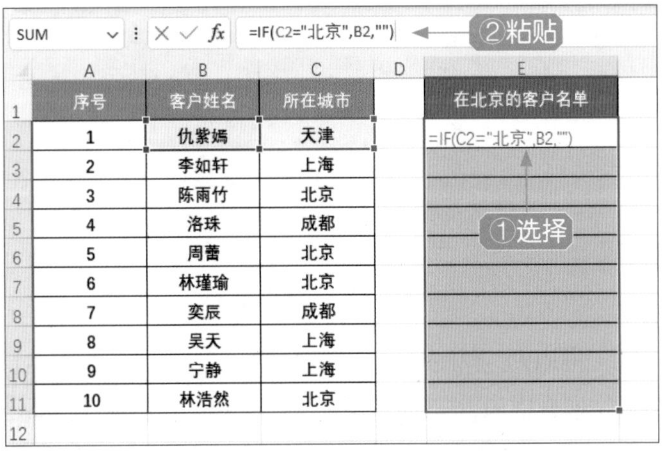

	A	B	C	D	E
1	序号	客户姓名	所在城市		在北京的客户名单
2	1	仇紫嫣	天津		
3	2	李如轩	上海		
4	3	陈雨竹	北京		
5	4	洛珠	成都		
6	5	周蕾	北京		
7	6	林瑾瑜	北京		
8	7	奕辰	成都		
9	8	吴天	上海		
10	9	宁静	上海		
11	10	林浩然	北京		
12					

图 3-56

步骤 04 按 Ctrl + Enter 快捷键确认，即可找出在北京的客户名单，结果如图 3-57 所示。

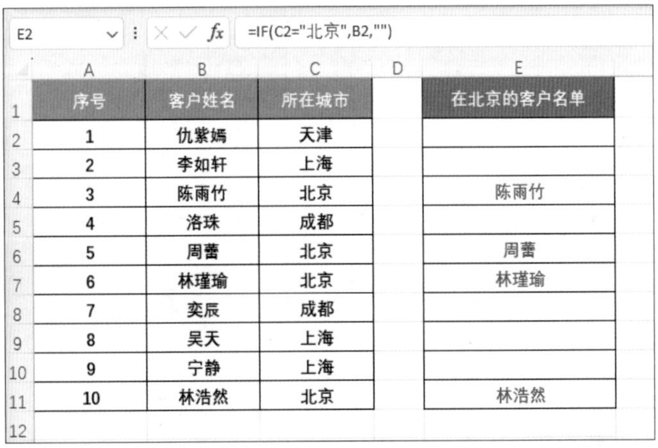

	A	B	C	D	E
1	序号	客户姓名	所在城市		在北京的客户名单
2	1	仇紫嫣	天津		
3	2	李如轩	上海		
4	3	陈雨竹	北京		陈雨竹
5	4	洛珠	成都		
6	5	周蕾	北京		周蕾
7	6	林瑾瑜	北京		林瑾瑜
8	7	奕辰	成都		
9	8	吴天	上海		
10	9	宁静	上海		
11	10	林浩然	北京		林浩然
12					

图 3-57

步骤 05 接下来需要删除 E2:E11 单元格中的空格，打开 ChatGPT 的聊天窗口，向其发送指令“如何在不影响其他表格内容的同时，删除 E2:E11 单元格中的空白单元格？”。稍等片刻，ChatGPT 即可提供删除单列空格的方法，如图 3-58 所示。

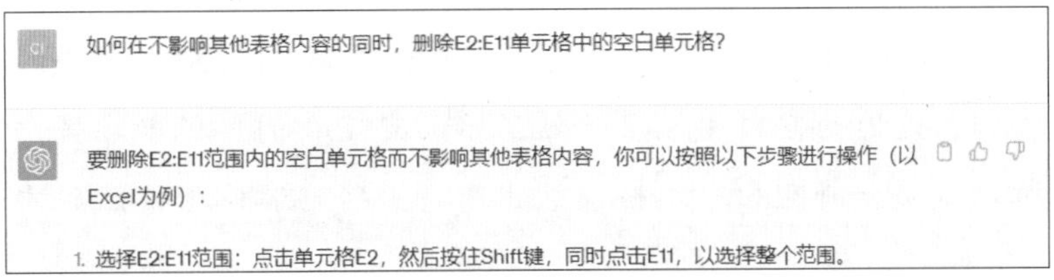

图 3-58

> 2. 进入"查找和选择"：点击Excel工具栏中的"查找和选择"按钮，通常是一个放大镜图标。
> 3. 打开"前往特定"：在弹出的菜单中，选择"前往特定"选项。这将打开"前往特定"对话框。
> 4. 选择"空白"：在"前往特定"对话框中，选择"特殊"选项卡，然后选择"空白"选项。点击"确定"。
> 5. 删除空白单元格：选择E2:E11范围内的所有空白单元格将被高亮显示。按下键盘上的"Delete"键或右键点击选中的空白单元格，然后选择"删除单元格"。
> 6. 单元格向上移动：在弹出的对话框中，选择"向上移动单元格"选项，这将把其他内容向上移动以填补空白单元格。
> 7. 完成：点击"确定"按钮来完成操作，这样E2:E11范围内的空白单元格将被删除，其他内容将保持不变。
>
> 请注意，在执行这些步骤之前，最好先备份你的数据，以防意外情况发生。此外，操作步骤可能因Excel版本而略有不同，但基本概念是类似的。

图 3-58（续）

步骤 06 参考 ChatGPT 提供的方法，返回 Excel 工作表，选择 E1 单元格，在"开始"功能区的"编辑"面板中展开"排序和筛选"列表框，选择"筛选"选项，如图 3-59 所示。

步骤 07 执行操作后，即可在 E1 单元格中添加一个筛选下拉按钮，❶单击该按钮；❷在展开的列表框中仅选中"（空白）"复选框，如图 3-60 所示。

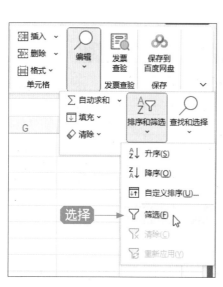

图 3-59

图 3-60

专家指点

注意，此处之所以要先进行筛选，没有直接根据 ChatGPT 提供的方法进行空值定位操作，是因为空白单元格虽然显示的是空白的，但单元格中是有计算公式的，所以需要先将空白单元格筛选出来，并将内容清除，然后才能进行空值定位操作。

步骤 08 单击"确定"按钮，即可筛选出空白的单元格，①选择空白的单元格，单击鼠标右键；②在弹出的快捷菜单中选择"清除内容"命令，如图 3-61 所示。

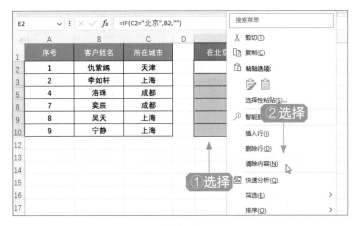

图 3-61

步骤 09 执行操作后，即可清除空白单元格中的计算公式，恢复筛选后隐藏的内容，选择 E2:E11 单元格区域，在"开始"功能区的"编辑"面板中展开"查找和选择"列表框，选择"定位条件"选项，如图 3-62 所示。

步骤 10 弹出"定位条件"对话框，选中"空值"单选按钮，如图 3-63 所示。

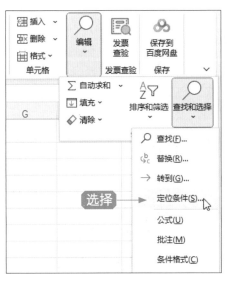

图 3-62

图 3-63

步骤 11 单击"确定"按钮，即可定位空值单元格，单击鼠标右键，在弹出的快捷菜单中选择"删除"命令，如图 3-64 所示。

步骤 12 执行操作后，弹出"删除文档"对话框，选中"下方单元格上移"单选按钮，如图 3-65 所示。

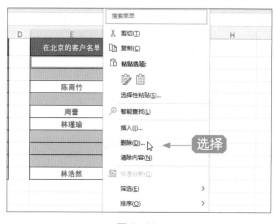

图 3-64

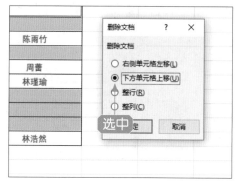

图 3-65

步骤 13 单击"确定"按钮，即可在不影响其他表格内容的情况下，删除 E 列中的空白单元格，结果如图 3-66 所示。

	A	B	C	D	E
1	序号	客户姓名	所在城市		在北京的客户名单 ▾
2	1	仇紫嫣	天津		陈雨竹
3	2	李如轩	上海		周蕾
4	3	陈雨竹	北京		林瑾瑜
5	4	洛珠	成都		林浩然
6	5	周蕾	北京		
7	6	林瑾瑜	北京		
8	7	奕辰	成都		
9	8	吴天	上海		
10	9	宁静	上海		
11	10	林浩然	北京		
12					

图 3-66

053 用 ChatGPT 在指定范围内查找关键词

扫码观看教学视频

假如用户有一个产品描述表，需要在某一列中查找产品是否有折扣，此时可以将"折扣"作为需要查找的关键词，通过 ChatGPT 编写的函数公式，返回查找结果是否有折扣。下面通过实例介绍具体的操作方法。

步骤 01 打开一个工作表，如图 3-67 所示。D 列为产品优惠信息，需要在 D 列查找表格内容是否有"折扣"，并将查找结果返回 E 列单元格中。

步骤 02 打开 ChatGPT 的聊天窗口，在输入框中输入指令"在 Excel 工作表中，D列为产品优惠信息，需要在 D 列查找表格内容是否有'折扣'，如果查找结果为有，便在 E 列单元格中返回结果为'有折扣'，如果查找结果为无，则返回结果为空，可以用哪个函数公式？"。按 Enter 键发送，ChatGPT 即可提供查找关键词的公式，如图 3-68 所示。

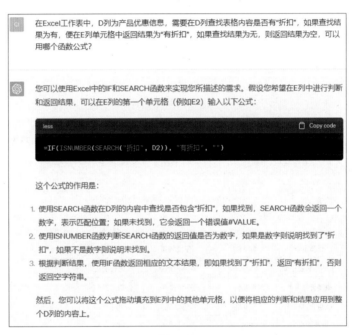

	A	B	C	D	E
1	产品	单价	购买方式	优惠	是否有折扣
2	优质耳麦	$49.99	在线购买	5% 折扣	
3	多功能智能手表	$129.99	实体店购买	免费配送	
4	高清无线耳机	$79.99	在线购买	购买2送1	
5	折叠便携椅子	$29.99	实体店购买	10% 折扣	
6	精品皮夹克	$179.99	在线购买	20% 折扣	
7	儿童创意玩具	$39.99	实体店购买	赠送彩色笔	
8	4K 超高清电视	$699.99	在线购买	免费安装	
9	环保购物袋	$4.99	实体店购买	买3送1	
10					

打开

图 3-67

在Excel工作表中，D列为产品优惠信息，需要在D列查找表格内容是否有"折扣"，如果查找结果为有，便在E列单元格中返回结果为"有折扣"，如果查找结果为无，则返回结果为空，可以用哪个函数公式？

您可以使用Excel中的IF和SEARCH函数来实现您所描述的需求。假设您希望在E列中进行判断和返回结果，可以在E列的第一个单元格（例如E2）输入以下公式：

```less
=IF(ISNUMBER(SEARCH("折扣", D2)), "有折扣", "")
```

这个公式的作用是：

1. 使用SEARCH函数在D列的内容中查找是否包含"折扣"，如果找到，SEARCH函数会返回一个数字，表示匹配位置；如果未找到，它会返回一个错误值#VALUE。
2. 使用ISNUMBER函数判断SEARCH函数的返回值是否为数字，如果是数字则说明找到了"折扣"，如果不是数字则说明未找到。
3. 根据判断结果，使用IF函数返回相应的文本结果，即如果找到了"折扣"，返回"有折扣"，否则返回空字符串。

然后，您可以将这个公式拖动填充到E列中的其他单元格，以便将相应的判断和结果应用到整个D列的内容上。

图 3-68

专家指点

ChatGPT 提供的公式中，IF 函数为逻辑函数，在本书 038 实例中已做介绍，这里介绍一下本例中的 ISNUMBER 函数和 SEARCH 函数的作用。

ISNUMBER 函数属于信息函数，用于检查一个给定的单元格或数值是否为数值型（即是否为数字）。它返回一个逻辑值（TRUE 或 FALSE），表示所检查的值是否为数字。

SEARCH 函数属于文本函数，用于在一个文本字符串中搜索指定的子字符串，并返回子字符串在文本中的起始位置，该函数不区分大小写。

步骤 03 复制 ChatGPT 提供的计算公式，在 Excel 工作表中，❶选择 E2:E9 单元格区域；❷在编辑栏中粘贴复制的公式：=IF(ISNUMBER(SEARCH(" 折扣 ",D2)),
" 有折扣 ","")，如图 3-69 所示。

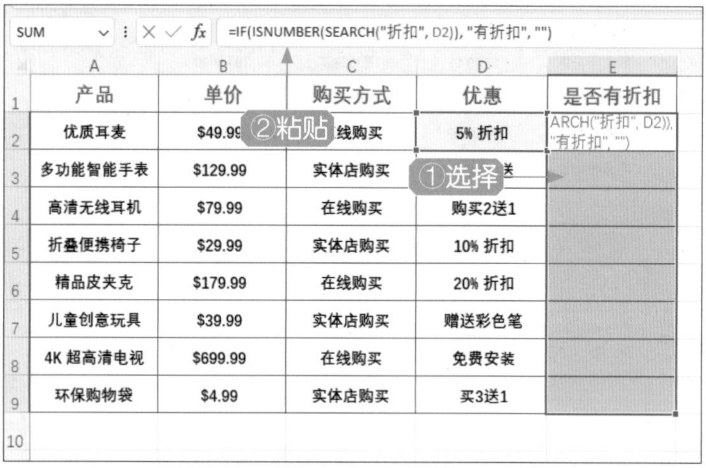

图 3-69

步骤 04 按 Ctrl + Enter 快捷键确认，即可返回查找结果，结果如图 3-70 所示。找到"折扣"的单元格返回结果为"有折扣"，没有找到的则返回结果为空值。

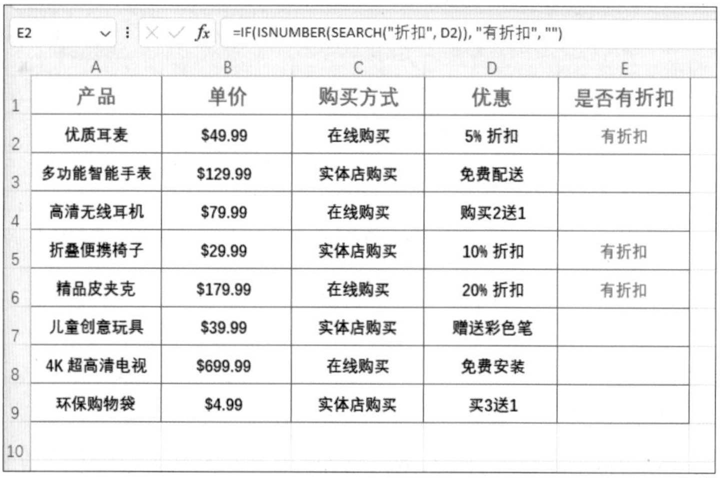

图 3-70

步骤 05 为了让有折扣的产品可以更加突出，用户可以在表格中将有折扣的产品所在行高亮显示。在表头单元格中通过"筛选"功能添加筛选下拉按钮，并筛选"有折扣"的单元格，如图 3-71 所示。

步骤 06 选择筛选的产品行，在"开始"功能区的"字体"面板中展开"填充颜色"列表框，在"主题颜色"中选择"金色，个性色 4，淡色 80%"色块，如图 3-72 所示，即可为有折扣的产品行设置背景颜色。

产品	单价	购买方式	优惠	是否有折扣
优质耳麦	$49.99	在线购买	5% 折扣	有折扣
折叠便携椅子	$29.99	实体店购买	10% 折扣	有折扣
精品皮夹克	$179.99	在线购买	20% 折扣	有折扣

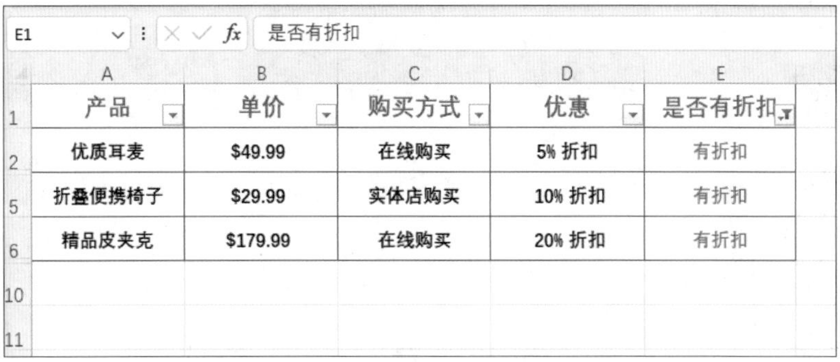

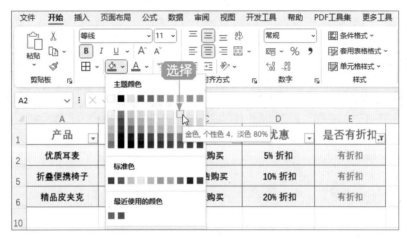

图 3-71

图 3-72

步骤 07 执行操作后，恢复表格中的全部数据，即可高亮显示有折扣的产品信息，结果如图 3-73 所示。

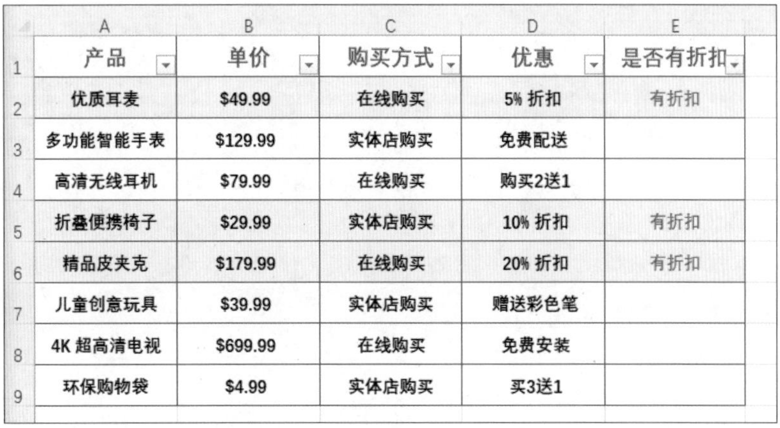

产品	单价	购买方式	优惠	是否有折扣
优质耳麦	$49.99	在线购买	5% 折扣	有折扣
多功能智能手表	$129.99	实体店购买	免费配送	
高清无线耳机	$79.99	在线购买	购买2送1	
折叠便携椅子	$29.99	实体店购买	10% 折扣	有折扣
精品皮夹克	$179.99	在线购买	20% 折扣	有折扣
儿童创意玩具	$39.99	实体店购买	赠送彩色笔	
4K 超高清电视	$699.99	在线购买	免费安装	
环保购物袋	$4.99	实体店购买	买3送1	

图 3-73

第 **4** 章

ChatGPT + Excel：智能加载 AI 助手

学习提示

在 Excel 中，用户可以通过加载插件的方式，将 AI 助手 ChatGPT 直接接入 Excel 中进行使用。这种插件将为用户提供一个便捷的方式，将 ChatGPT 的强大语言处理能力整合到 Excel 的工作流程中。

本章重点导航

◇ 加载 ChatGPT 插件

◇ 使用 ChatGPT AI 函数

4.1 加载 ChatGPT 插件

在 Excel 中加载 ChatGPT 插件，用户便可以在工作表中与 ChatGPT 进行对话，并利用其智能的自然语言理解和生成能力来执行各种任务。这种结合将大大提高用户在 Excel 中的工作效率，无须切换到其他应用程序或浏览器，用户可以直接在 Excel 中获取 ChatGPT 的帮助。本节主要介绍加载 ChatGPT 插件的操作方法。

054 加载 ChatGPT 插件

扫码观看教学视频

在 Excel 中，用户可以通过"插入"功能区中的"获取加载项"功能接入 ChatGPT 插件。下面介绍具体的操作方法。

步骤 01 打开一个空白工作表，在"插入"功能区的"加载项"面板中单击"获取加载项"按钮，如图 4-1 所示。

步骤 02 执行操作后，弹出"Office 加载项"对话框，如图 4-2 所示。其中显示了多款热门插件，有免费的插件，也有需要花钱购买的插件。

图 4-1

图 4-2

步骤 03 在搜索框中输入 ChatGPT，如图 4-3 所示。

步骤 04 单击"搜索"按钮 ♀，即可搜索到与 ChatGPT 相关的插件。在 ChatGPT for Excel 插件右侧单击"添加"按钮，如图 4-4 所示。

步骤 05 弹出"请稍等"对话框，单击"继续"按钮，如图 4-5 所示。

步骤 06 稍等片刻，即可加载 ChatGPT 插件。将其接入 Excel 中，在"开始"功能区的最后面，即可显示 ChatGPT for Excel 插件图标，如图 4-6 所示。

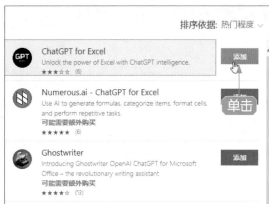

图 4-3   图 4-4

图 4-5

步骤 07 单击ChatGPT for Excel插件图标，即可展开ChatGPT for Excel插件面板。用户需要在面板下方的 Your OpenAI API Key（您的 OpenAI API 密钥）文本框中输入密钥才可以使用ChatGPT for Excel 插件，如图 4-7 所示。

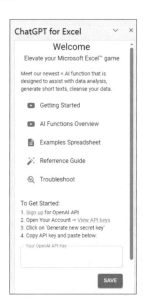

图 4-6   图 4-7

055 获取 OpenAI API Key（密钥）

扫码观看教学视频

OpenAI 是一个人工智能研究实验室和技术公司，而 ChatGPT 是 OpenAI 开发的一种基于自然语言处理的语言模型。在 Excel 中接入 ChatGPT，需要使用到 OpenAI API Key（密钥）。下面介绍获取密钥的操作方法。

步骤 01 首先需要用户访问 ChatGPT 的网站并登录账号，然后进入 OpenAI 官网，在网页右上角单击 Log in（登录）按钮，如图 4-8 所示。

图 4-8

步骤 02 执行操作后，进入 OpenAI 页面，选择进入 API 模块，如图 4-9 所示。

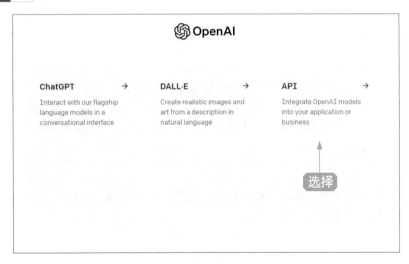

图 4-9

步骤 03 因前面已经访问并登录了 ChatGPT，所以此处会自动登录 OpenAI 账号，如果跳过登录 ChatGPT 直接进入 OpenAI 网页，此处则需要先登录 OpenAI 账号。❶在右上角单击账号头像；❷在弹出的列表框中选择 View API keys（查看 API 密钥）选项，如图 4-10 所示。

步骤 04 进入 API keys 页面，在表格中显示了之前获取过的密钥记录，此处单击 Create new secret key（创建新密钥）按钮，如图 4-11 所示。

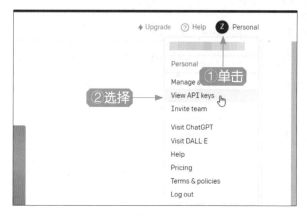

图 4-10

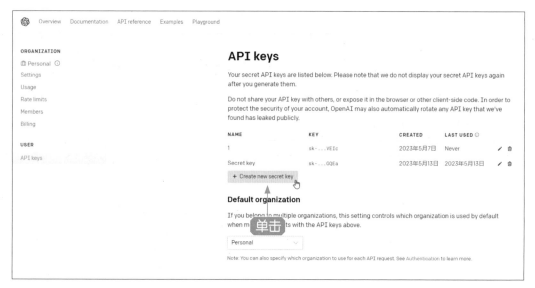

图 4-11

步骤 05 弹出 Create new secret key 对话框，在文本框下方单击 Create secret key（创建密钥）按钮，如图 4-12 所示。

图 4-12

步骤 06 执行上述操作后，即可创建密钥。单击文本框右侧的 （复制）按钮，如图 4-13 所示，即可获取创建的密钥。在文件夹中创建一个记事本，将密钥粘贴在记事本中保存。

图 4-13

056 输入 ChatGPT 插件密钥

扫码观看教学视频

在 OpenAI 官网中获取 API 密钥后，即可返回 Excel 工作表，展开 ChatGPT for Excel 插件面板，❶在面板下方的 Your OpenAI API Key 文本框中输入获取的密钥；❷单击 SAVE（保存）按钮，如图 4-14 所示。

执行操作后，即可通过申请，成功应用 API 密钥，并提示用户可以在工作表中使用对应的 AI 函数，如图 4-15 所示。

图 4-14

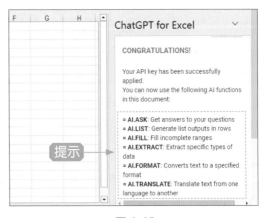

图 4-15

在 ChatGPT 插件面板中，所提示的各个 AI 函数作用如下。

◎ =AI.ASK：可以获取问题的答案。

◎ =AI.LIST：可以将行数据合并生成列表输出。

◎ =AI.FILL：可以填充不完整的范围，自动生成或填充连续的序列。

◎ =AI.EXTRACT：可以提取特定类型的数据。

◎ =AI.FORMAT：可以将数值和日期格式转换为指定的格式。

◎ =AI.TRANSLATE：可以将文本从一种语言翻译成另一种语言。

4.2 使用 ChatGPT AI 函数

ChatGPT 插件提供了 6 个 AI 函数，用户可以在 Excel 工作表中使用这些 AI 函数，从而获取 AI 生成的答案。本节将向大家介绍在 Excel 工作表中使用 ChatGPT AI 函数的操作方法。

 ### 057 用 AI.ASK 函数获取数据分析结果

扫码观看教学视频

在 Excel 中，用户可以通过 AI.ASK 函数在任意一个单元格中向 ChatGPT 进行提问并获取对应的答案。下面介绍用 AI.ASK 函数编写公式向 ChatGPT 询问产品销售分析结果的具体操作方法。

步骤 01 打开一个工作表，如图 4-16 所示。其中，B1 单元格中已列出了需要向 ChatGPT 提出的问题。

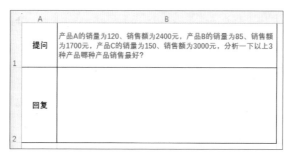

图 4-16

步骤 02 在 B2 单元格中输入 AI 函数公式：=AI.ASK(B1)，如图 4-17 所示。

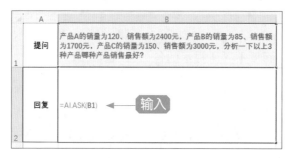

图 4-17

步骤 03 按 Enter 键确认，若单元格中显示 # BUSY！，则表示正在加载回复中，如图 4-18 所示。

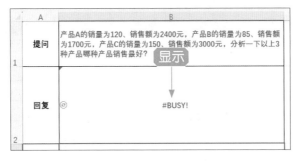

图 4-18

步骤 04 稍等片刻，即可在 B2 单元格中获取 ChatGPT 的数据分析结果，如图 4-19 所示。

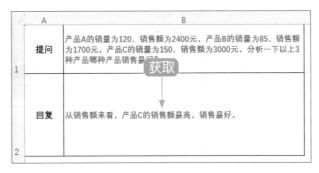

图 4-19

专家指点

如果用户不知道该如何使用 ChatGPT AI 函数，可以在 ChatGPT for Excel 插件面板中选择 Examples Spreadsheet（示例电子表格）选项，在跳转的网页中，查看并学习 AI 函数示例，参考示例的公式使用即可。

058 用 AI.EXTRACT 函数提取指定内容

在 Excel 中，用户可以通过 AI.EXTRACT 函数从文本中提取指定类型的信息。该函数可以帮助用户自动识别和提取文本中的关键词、日期以及地址等重要信息，以便进一步分析和处理。下面介绍使用 AI.EXTRACT 函数提取指定内容的具体操作方法。

扫码观看教学视频

步骤 01 打开一个工作表，如图 4-20 所示。需要在 A 列单元格的文本中提取 B 列单元格中指定要提取的内容。

图 4-20

步骤 02 在 C2 单元格中输入 AI 函数公式：=AI.EXTRACT(A2,B2)，如图 4-21 所示。

图 4-21

步骤 03 按 Enter 键确认，即可提取 A2 单元格文本中的城市，如图 4-22 所示。

图 4-22

步骤 04 执行操作后，拖曳 C2 单元格的右下角，填充公式至 C7 单元格，批量提取指定内容，如图 4-23 所示。

	文本内容	指定要提取的内容	提取内容
2	李先生现在住在北京	城市	北京
3	小周是2010年10月1日出生的	日期	2010年10月1日
4	小于今年13岁，正在上初中	年龄	13岁
5	张小姐的联系电话是110-11001011	电话号码	110-11001011
6	陈小姐是一个服装设计师	职业	服装设计师
7	赵先生经常出门旅游	姓氏	赵

C7 | =AI.EXTRACT(A7,B7)

图 4-23

专家指点

如果返回结果显示 API error（code 429）-Too Many Requests [API 错误（代码 429）- 请求太多]，可以稍等一会儿再选择相应的单元格，在编辑栏中单击，然后多按几次 Enter 键，返回提取内容。

059 用 AI.FILL 函数自动生成连续序列

扫码观看教学视频

在 Excel 中，AI 函数 AI.FILL 的作用是自动生成连续序列或填充单元格中的重复模式。该函数可以帮助用户快速生成数字序列、日期序列、自定义文本序列或重复模式，并填充到指定的单元格范围中。下面介绍使用 AI.FILL 函数自动生成连续序列的具体操作方法。

步骤 01 打开一个工作表，如图 4-24 所示。需要在 A 列单元格中生成连续的序号。

步骤 02 在 A2 单元格中输入起始值为 1，如图 4-25 所示。

序号	部门	部门人数
	管理部	5
	财务部	4
	人事部	3
	业务部	10
	销售部	20
	后勤部	5
	生产部	230
	品管部	80
	仓管部	8
	设计部	6
	工程部	4

打开

图 4-24

序号	部门	部门人数
1	管理部	5
	财务部	4
	人事部	3
	业务部	10
	销售部	20
	后勤部	5
	生产部	230
	品管部	80
	仓管部	8
	设计部	6
	工程部	4

输入

图 4-25

步骤 03 在 A3 单元格中输入 AI 函数公式：=AI.FILL(A2,10)，如图 4-26 所示，表示起始值为 A2 单元格中的值，向后填充 10 个单元格。

步骤 04 按 Enter 键确认，即可生成连续的序号，如图 4-27 所示。

图 4-26　　　　　　　　　　　　　图 4-27

060 用 AI.FORMAT 函数转换数据格式

在 Excel 中，AI 函数 AI.FORMAT 主要用于将数值或日期格式转换为指定的格式。该函数可以帮助用户根据需求自定义数值或日期的显示方式，包括小数位数、千位分隔符、货币符号和日期格式等。下面介绍使用 AI.FORMAT 函数转换数据格式的具体操作方法。

扫码观看教学视频

步骤 01 打开一个工作表，如图 4-28 所示。需要将 A 列单元格中的数据格式转换为 B 列单元格中指定的格式。

步骤 02 选择 C2 单元格，在编辑栏中输入 AI 函数公式：=AI.FORMAT (A2,B2)，如图 4-29 所示。

图 4-28　　　　　　　　　　　　　图 4-29

步骤 03 按 Enter 键确认，即可转换 A2 单元格中的数据格式为 B2 单元格中指定的格式，如图 4-30 所示。

步骤 04 执行上述操作后，拖曳 C2 单元格的右下角，填充公式至 C6 单元格中，即可批量转换数据格式，如图 4-31 所示。

C2	✓ : × ✓ ƒx	=AI.FORMAT(A2,B2)	
	A	B	C
1	数据	指定格式	转换格式
2	2003.10.11	0000年00月00日	2003年10月11日
3	2013.11.11	00月00日	
4	2023.12.12	0000-00-00	
5	52.23	￥0.00	转换
6	0.88	0.00元	
7			
8			
9			

图 4-30

C5	✓ : × ✓ ƒx	=AI.FORMAT(A5,B5)	
	A	B	C
1	数据	指定格式	转换格式
2	2003.10.11	0000年00月00日	2003年10月11日
3	2013.11.11	00月00日	11月11日
4	2023.12.12	0000-00-00	2023-12-12
5	52.23	￥0.00	￥52.23
6	0.88	0.00元	0.88元
7			
8			转换
9			

图 4-31

专家指点

编写 AI.FORMAT 函数公式时，第 1 个参数为值，第 2 个参数为格式。如果表格中没有提供指定的格式，可以将格式编写进公式中。例如，在 C2 单元格中输入公式：=AI.FORMAT(A2,"0000 年 00 月 00 日 ")，按 Enter 键确认，即可转换格式。

061 用 AI.LIST 函数合并每行文本内容

扫码观看教学视频

在 Excel 中，AI 函数 AI.LIST 的作用是将一系列数值或文本合并成一个字符串，方便进行后续处理或显示。下面介绍使用 AI.LIST 函数合并每行文本内容的具体操作方法。

步骤 01 打开一个工作表，如图 4-32 所示。需要将 A 列单元格中的文本内容合并到 B 列单元格中并用顿号间隔每行文本。

步骤 02 在 B2 单元格中输入 AI 函数公式：=AI.LIST(" 合并文本 ",A2:A6)，如图 4-33 所示。

步骤 03 按 Enter 键确认，即可将 A2:A6 单元格区域的文本合并到一起，并用顿号进行间隔区分，如图 4-34 所示。

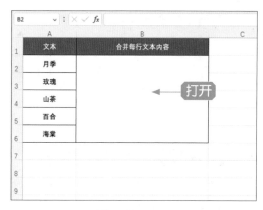

图 4-32

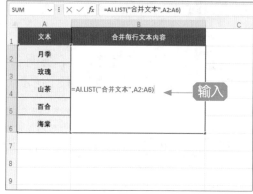

图 4-33

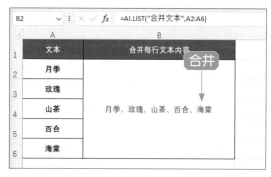

图 4-34

062 用 AI.TRANSLATE 函数翻译文本

扫码观看教学视频

在 Excel 中，AI 函数 AI.TRANSLATE 的作用是将指定的文本根据提供的翻译词典进行翻译，可以帮助用户在 Excel 中实现文本翻译的功能。下面介绍使用 AI.TRANSLATE 函数翻译文本的操作方法。

步骤 01 打开一个工作表，如图 4-35 所示。工作表中提供了中文和英文词汇，需要将中文翻译成英文，将英文翻译成中文。

图 4-35

步骤 02 ❶选择 B2:B3 单元格区域；❷在编辑栏中输入 AI 函数公式：=AI.
TRANSLATE(A2," 中文简体 ")，如图 4-36 所示。

步骤 03 执行操作后，按 Ctrl ＋ Enter 快捷键确认，即可将英文翻译成中文简体，
如图 4-37 所示。

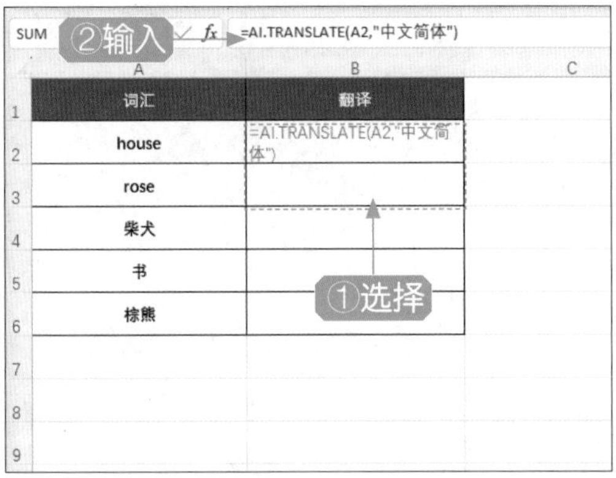

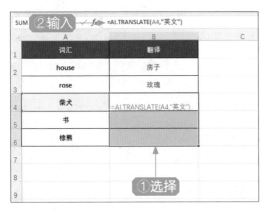

图 4-36

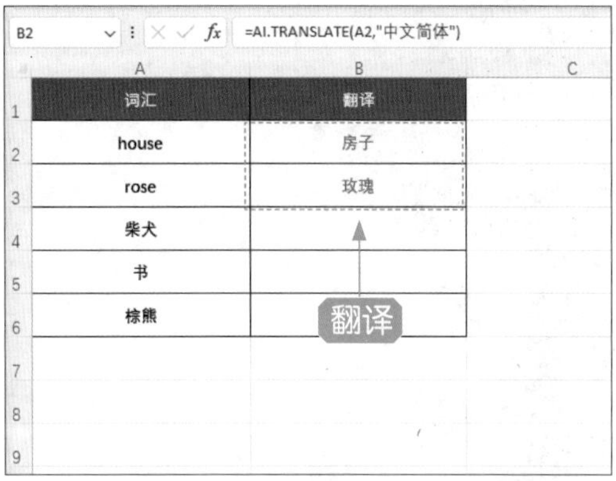

图 4-37

步骤 04 ❶选择 B4:B6 单元格区域；❷在编辑栏中输入 AI 函数公式：=AI.
TRANSLATE(A4," 英文 ")，如图 4-38 所示。

步骤 05 按 Ctrl ＋ Enter 快捷键确认，即可将中文翻译成英文，如图 4-39 所示。

图 4-38

图 4-39

第5章

ChatGPT + VBA：自动计算表格数据

学习提示

VBA（Visual Basic for Applications）是一种自动化编程语言，在 Excel 中可以用来创建宏、自动化任务、与表格数据进行交互、分析数据、处理数据和计算数据等。将 ChatGPT 与 VBA 结合使用，可以实现更强大的自动化功能，创建更智能、更灵活的宏代码。

本章重点导航

- VBA 编辑器基本操作
- 用 ChatGPT 编写宏代码
- 用 ChatGPT 编写运算代码

5.1 VBA 编辑器基本操作

在 Excel 中，VBA 编辑器可用于创建自定义函数、自动化数据输入、生成报告以及执行 Excel 内置的函数和功能难以实现的复杂数据分析任务。本节主要介绍在 Excel 中 VBA 编辑器的基本操作方法。

063 添加"开发工具"选项卡

扫码观看教学视频

在 Excel 工作表中，"开发工具"选项卡在初始启动 Excel 软件时，通常情况下处于隐藏状态，用户要想在 Excel 中使用 VBA 编辑器，首先需要将"开发工具"选项卡添加到菜单栏中。下面介绍操作方法。

步骤 01 在 Excel 功能区的空白位置单击鼠标右键，在弹出的快捷菜单中选择"自定义功能区"命令，如图 5-1 所示。

步骤 02 弹出"Excel 选项"对话框，在"主选项卡"选项区中，❶选中"开发工具"复选框；❷单击"确定"按钮，如图 5-2 所示，即可将"开发工具"选项卡添加到菜单栏中。

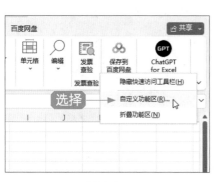

图 5-1

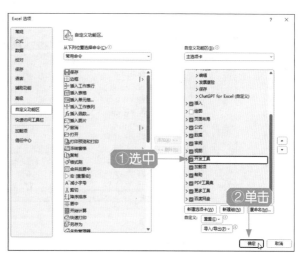

图 5-2

064 展开 VBA 编辑器中的窗口

扫码观看教学视频

在 Excel 工作表中，打开 VBA 编辑器，可以通过单击"开发工具"功能区中的 Visual Basic 按钮，如图 5-3 所示，或按 Alt + F11 快捷键打开 Microsoft Visual Basic for Applications（VBA）编辑器。打开编辑器后，可能既没有显示窗口，也没有显示可以编辑代码的模块，不了解 VBA 或没用过 VBA 的新手这个时候可能不知道该如何操作。下面介绍将窗口、面板一一展开的操作方法。

图 5-3

首先，在编辑器中选择"视图"|"工程资源管理器"选项，如图 5-4 所示，即可展开相应窗口。在"工程"资源管理器中可以管理文件、文件夹、数据库等。然后，在"视图"菜单列表中选择"属性窗口"选项，即可展开属性窗口，执行对象的所有属性都可以通过属性窗口获得。

图 5-4

其次，单击"插入"菜单，如图 5-5 所示。在弹出的菜单列表中选择"模块"选项，即可打开代码窗口，在其中输入代码后运行即可。

065 移除插入的模块

在 VBA 编辑器中，模块可以理解为宏代码的载体，用户需要插

扫码观看教学视频

入模块才能编写宏代码，如果添加的模块有误，还可以将模块移除。下面介绍具体的操作方法。

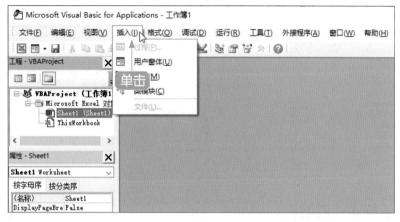

图 5-5

步骤 01 在 Excel 中，打开 VBA 编辑器，在"工程"资源管理器中的空白位置单击鼠标右键，在弹出的快捷菜单中选择"插入"|"模块"命令，如图 5-6 所示。

步骤 02 执行操作后，即可插入一个新的模块，如图 5-7 所示。在"工程"资源管理器中会显示插入的模块文件夹和模块名称。

图 5-6

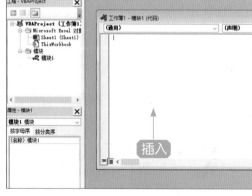

图 5-7

步骤 03 在"工程"资源管理器中选择插入的模块，单击鼠标右键，在弹出的快捷菜单中选择"移除 模块 1"命令，如图 5-8 所示。

步骤 04 弹出信息提示对话框，提示用户移除模块之前是否将模块和模块中的代码导出保存。由于本案例中没有编写代码，所以此处单击"否"按钮，如图 5-9 所示。执行操作后，即可移除插入的模块。

图 5-8

图 5-9

066 了解宏代码的编写框架

扫码观看教学视频

VBA 代码编写框架其实和写信、写邮件类似,要有开头、名称、正文和结尾。下面介绍编写宏代码的基本操作方法。

步骤 01 在 Excel 中,打开 VBA 编辑器,插入一个模块,在模块中输入开头代码:Sub,如图 5-10 所示。

步骤 02 输入一个空格+自定义子过程的名称+英文括号: 变量值计算 (),如图 5-11 所示。

图 5-10   图 5-11

步骤 03 名称输入完成后,按 Enter 键另起一行,此时空行下方会自动编写结尾代码:End Sub,如图 5-12 所示。

步骤 04 在空行处输入正文代码:
n=5
[A1]=n*11

[A2]=n*22

[A3]=n*33

该段代码是指变量值以 n 表示，n 值为 5，A1 单元格需返回 n 与 11 相乘的值，A2 单元格需返回 n 与 22 相乘的值，A3 单元格需返回 n 与 33 相乘的值，如图 5-13 所示。

图 5-12   图 5-13

步骤 05 执行操作后，单击"运行子过程 / 用户窗体"按钮 ▶，或按 F5 键运行宏代码，如图 5-14 所示。

步骤 06 返回 Excel 工作表，即可查看变量值计算结果，如图 5-15 所示。可以看到单元格中的值是直接返回的，编辑栏中也没有使用计算公式。

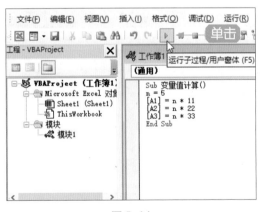

图 5-14   图 5-15

067 通过两种方式查看代码

扫码观看教学视频

在 Excel 中，将 VBA 编辑器关闭后，可以通过两种方式查看编写的代码。下面介绍具体的操作方法。

步骤 01 接例 066 进行操作，在"开发工具"功能区的"控件"面板中，单击"查看代码"按钮，如图 5-16 所示。

步骤 02 执行操作后，即可快速进入 VBA 编辑器，同时打开 Sheet1 空白模块，切换至模块 1 中即可查看代码，如图 5-17 所示。单击模块右上角的"关闭"按钮 ![x]，将模块关闭，并退出 VBA 编辑器。

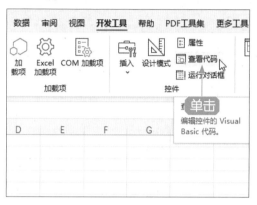

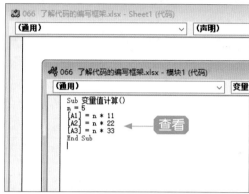

图 5-16   图 5-17

步骤 03 在工作表底部的 Sheet1 名称上单击鼠标右键，在弹出的快捷菜单中选择"查看代码"命令，如图 5-18 所示。

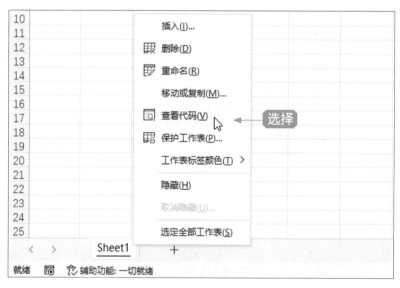

图 5-18

步骤 04 执行操作后，即可进入 VBA 编辑器，在"工程"资源管理器中双击"模块 1"，或在"模块 1"上单击鼠标右键，在弹出的快捷菜单中选择"查看代码"命令，如图 5-19 所示，即可查看在模块中编写的代码。

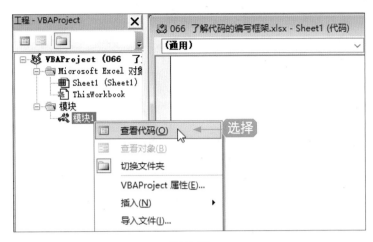

图 5-19

068 编辑创建的宏

扫码观看教学视频

在 Excel 中，创建的宏代码可以通过"宏"功能找到，并进行编辑、执行和删除等操作，还可以为创建的宏设置快捷键。下面介绍具体的操作方法。

步骤 01 以例 066 中的效果为例，在"开发工具"功能区的"代码"面板中单击"宏"按钮，如图 5-20 所示。

步骤 02 弹出"宏"对话框，其中显示了创建的宏名称，如图 5-21 所示。

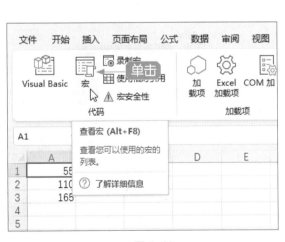

图 5-20

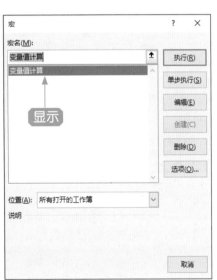

图 5-21

步骤 03 单击"编辑"按钮，即可打开 VBA 编辑器，在"模块 1"代码中，修改 n 的值为 8，如图 5-22 所示。

步骤 04 执行操作后，关闭 VBA 编辑器，打开"宏"对话框，单击"执行"按钮，如图 5-23 所示。

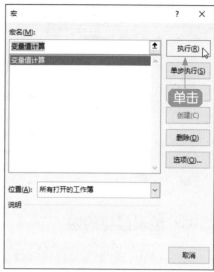

图 5-22   图 5-23

步骤 05 执行操作后，即可运行宏代码，重新计算变量值，如图 5-24 所示。

步骤 06 再次打开"宏"对话框，单击"选项"按钮，如图 5-25 所示。

步骤 07 弹出"宏选项"对话框，在"快捷键"下方的空白框中输入任意一个英文字母，如输入 Q，即可组成 Ctrl + Shift + Q 快捷键，如图 5-26 所示。单击"确定"按钮，在工作表中按创建的快捷键，即可执行宏任务。

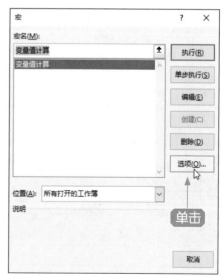

图 5-24   图 5-25

图 5-26

5.2 用 ChatGPT 编写宏代码

在 Excel 中编写宏代码，需要用户对宏编程语言有一定的了解，否则很容易编写出错或者编写失败。用户可以通过对话的方式，向 ChatGPT 描述想要在 Excel 中实现的功能和操作，让 ChatGPT 来编写代码，而无须自己深入了解宏编程语言。ChatGPT 会根据用户的描述迅速生成代码草稿，并根据用户的反馈进行迭代改进，为用户提供更直观、快速、智能的开发体验，帮助用户完成更高效、自动化的 Excel 操作和任务。

069 在 ChatGPT 中获取宏代码

当用户不知道该如何在 ChatGPT 中获取宏代码时，可以直接向 ChatGPT 发问，ChatGPT 会回复获取宏代码的方法。下面介绍具体的操作方法。

扫码观看教学视频

步骤 01 打开 ChatGPT 的聊天窗口，在输入框中输入"我该如何在 ChatGPT 中获取 Excel 宏代码？请举例说明"，如图 5-27 所示。

步骤 02 按 Enter 键发送，ChatGPT 即可根据提问进行回复，并向用户反馈详细的操作步骤，如图 5-28 所示。

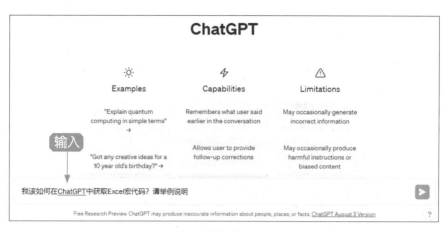

图 5-27

图 5-28

070 使用 ChatGPT 编写的代码

扫码观看教学视频

根据例 069 中 ChatGPT 的回复，我们可以参考其描述的操作，在 Excel 中使用 ChatGPT 编写的代码。下面介绍具体的操作方法。

步骤 **01** 在 ChatGPT 举例编写的代码框上，单击 Copy code 按钮，如图 5-29 所示。

步骤 **02** 新建一个空白的 Excel 工作表，在"开发工具"功能区的"代码"面板中，单击 Visual Basic 按钮，如图 5-30 所示。

步骤 03 打开 VBA 编辑器，选择"插入"|"模块"命令，如图 5-31 所示。

1. 打开Excel并创建一个新的工作簿。
2. 按下`ALT` + `F11`，打开Visual Basic for Applications编辑器。
3. 在编辑器中，点击`Insert` > `Module`，创建一个新的VBA模块。
4. 在模块中输入以下代码：

```vba
Sub InsertHelloText()
    ' 在选定的单元格中插入文本
    ActiveCell.Value = "Hello, Excel!"
End Sub
```

图 5-29

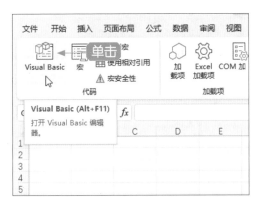

图 5-30

图 5-31

步骤 04 执行操作后，即可插入一个新的模块，在模块中粘贴 ChatGPT 举例编写的代码，如图 5-32 所示。

步骤 05 关闭 VBA 编辑器，在"开发工具"功能区的"控件"面板中，❶单击"插入"下拉按钮；❷在弹出的列表框中单击"按钮（窗体控件）"图标，如图 5-33 所示。

图 5-32

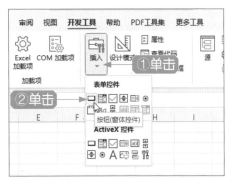

图 5-33

步骤 06 执行操作后，将在工作表中绘制一个控件按钮，如图 5-34 所示。

步骤 07 释放鼠标左键，弹出"指定宏"对话框，选择创建的宏，如图 5-35 所示。表示将控件按钮与宏相链接，使其成为执行宏任务的运行按钮。

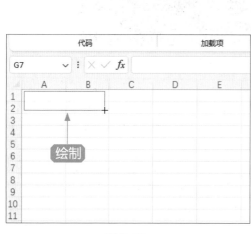

图 5-34

图 5-35

步骤 08 单击"确定"按钮，即可插入控件按钮，如图 5-36 所示。

步骤 09 单击鼠标右键，在弹出的快捷菜单中选择"编辑文字"命令，如图 5-37 所示。

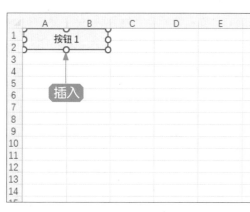

图 5-36

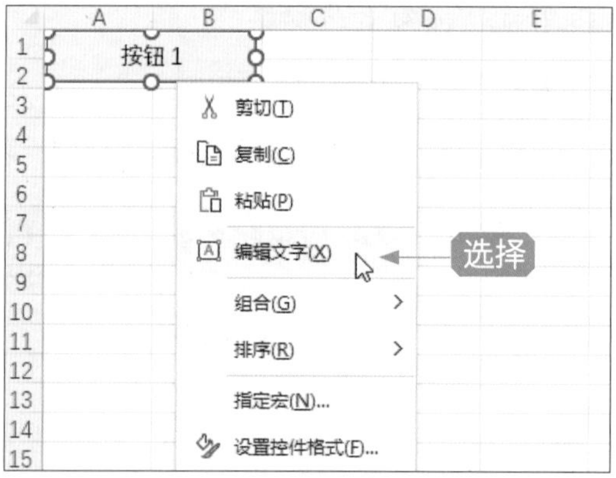

图 5-37

步骤 10 执行操作后，即可编辑按钮中的文字，输入"插入文本"为按钮命名，如图 5-38 所示。

步骤 11 选择任意一个单元格，❶单击"插入文本"控件按钮；❷即可在单元格中插入文本，如图 5-39 所示。

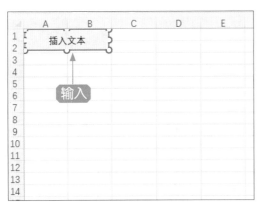

图 5-38

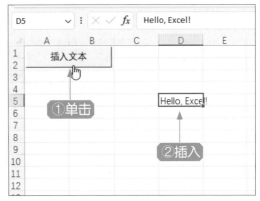

图 5-39

071 保存创建的宏文件

扫码观看教学视频

在 Excel 中，编辑或粘贴代码并运行后，一定要记得保存创建的宏文件，否则等下次再打开制作好的工作簿后，会发现之前制作的效果没有了。保存代码不仅可以保留制作的效果，还方便以后修改代码，因此 VBA 代码编辑完成后是一定要保存的。下面介绍具体的操作方法。

步骤 01 接例 070 进行操作，单击"保存"按钮，弹出"另存为"对话框，设置保存路径和文件名，如图 5-40 所示。

图 5-40

步骤 02 直接单击"保存"按钮，将会弹出 Microsoft Excel 对话框，单击"否"按钮，如图 5-41 所示。

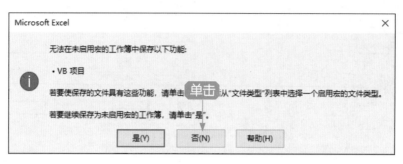

图 5-41

步骤 03 返回"另存为"对话框，展开"保存类型"列表框，选择"Excel 启用宏的工作簿（*.xlsm）"类型，如图 5-42 所示。单击"保存"按钮，即可保存创建的宏文件。

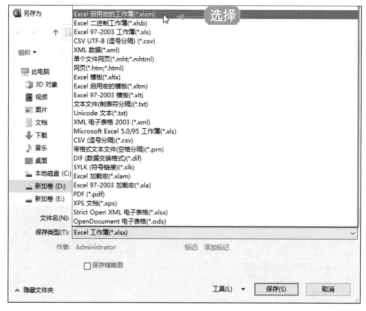

图 5-42

5.3 用 ChatGPT 编写运算代码

在 Excel 中，除了用函数公式来进行数据运算，还可以通过编写 VBA 代码自动计算表格数据。用户可以通过与 ChatGPT 进行交互，创建一个个简单而有效的运算代码，让计算机执行各种数学运算。本节将详细介绍如何使用 ChatGPT 编写运算代码，为数据分析和处理提供全新的可能性。

072 用 ChatGPT 编写分组求和的代码

扫码观看教学视频

当 Excel 工作表中产品类别比较杂、数据比较多时，用户可以通过 VBA 进行分组求和，让 ChatGPT 编写 VBA 代码，对产品进行去重分类、汇总求和，并将结果返回指定位置。下面介绍具体的操作方法。

步骤 01 打开一个工作表，如图 5-43 所示。其为产品销售核收清单，需要对产品进行分组求和，并将计算结果返回 F 列和 G 列。

	A	B	C	D	E	F
1	订单	产品	销售额	财务核收		
2	1023001	产品A	5534	已核收		
3	1023002	产品B	2343	已核收		
4	1023003	产品D	3541			
5	1023004	产品F	3554	已核收		
6	1023005	产品C	5213	待结款		
7	1023006	产品F	6641	已核收		
8	1023007	产品A	5472	待结款		
9	1023008	产品D	6641	待结款		
10	1023009	产品C	5526	已核收		
11	1023010	产品B	6748	已核收		
12	1023011	产品C	8455			
13	1023012	产品A	5477			
14	1023013	产品F	7852	已核收		
15	1023014	产品E	6761			
16	1023015	产品E	7581			

打开

图 5-43

步骤 02 打开 ChatGPT 的聊天窗口，在输入框中输入指令“在 Excel 的 Sheet1 工作表中，B 列为产品、C 列为销售额，请用 VBA 代码按照产品分组统计销售额，并将结果返回到 Sheet1 工作表的 F 列和 G 列中”。按 Enter 键发送，ChatGPT 即可回复分组求和运算代码，如图 5-44 所示。

在Excel的Sheet1工作表中，B列为产品、C列为销售额，请用VBA代码按照产品分组统计销售额，并将结果返回到Sheet1工作表的F列和G列中

你可以使用以下的VBA代码来按照产品分组统计销售额并将结果返回到Sheet1工作表的F列和G列中：

vba　　Copy code

```vba
Sub GroupAndSumSales()
    Dim ws As Worksheet
    Dim lastRow As Long
    Dim productColumn As Range, salesColumn As Range
    Dim uniqueProducts As Collection
    Dim product As Variant
    Dim totalSales As Double

    ' Set the worksheet
    Set ws = ThisWorkbook.Sheets("Sheet1")

    ' Find the last row in column B (Products)
    lastRow = ws.Cells(ws.Rows.Count, "B").End(xlUp).Row
```

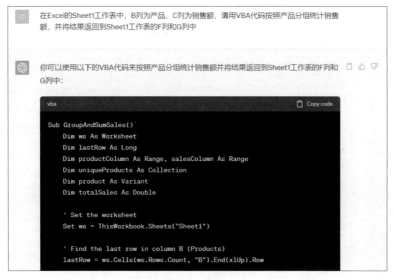

图 5-44

```
' Set the ranges for product and sales columns
Set productColumn = ws.Range("B2:B" & lastRow)
Set salesColumn = ws.Range("C2:C" & lastRow)

' Initialize a collection to store unique products
Set uniqueProducts = New Collection

' Loop through product column to collect unique products
On Error Resume Next
For Each product In productColumn
    uniqueProducts.Add product.Value, CStr(product.Value)
Next product
On Error GoTo 0

' Loop through unique products and calculate total sales
ws.Range("F2:G" & ws.Cells(ws.Rows.Count, "F").End(xlUp).Row).ClearConte
For Each product In uniqueProducts
    totalSales = Application.WorksheetFunction.SumIf(productColumn, prod
        ws.Cells(ws.Rows.Count, "F").End(xlUp).Offset(1, 0).Value = product
        ws.Cells(ws.Rows.Count, "G").End(xlUp).Offset(1, 0).Value = totalSal
Next product
End Sub
```

确保在使用代码之前，你已经打开了Excel文件，并且在"Sheet1"工作表中有产品和销售额的
数据。然后按照以下步骤操作：

1. 按下`ALT + F11`打开Visual Basic for Applications编辑器。
2. 在编辑器中，插入一个新的模块（Module）。
3. 将上述代码复制粘贴到模块中。
4. 关闭VBA编辑器。
5. 在Excel中按下`ALT + F8`打开宏对话框，选择"GroupAndSumSales"并点击运行。

这将执行VBA代码，按照产品分组统计销售额，并将结果返回到Sheet1工作表的F列和G列
中。请注意，代码中假设产品数据从第2行开始，第1行是标题行。如果有特殊的情况（例如
标题行在其他行，数据格式不同等），你可能需要稍作修改。在运行代码之前，建议先在备
份文件中测试代码，以免意外删除数据。

图 5-44（续）

步骤 03 复制 ChatGPT 编写的代码，返回 Excel 工作表，打开 VBA 编辑器，插入一个模块，在模块中粘贴复制的代码，如图 5-45 所示。

图 5-45

步骤 04 执行操作后，单击"运行子过程/用户窗体"按钮▷，运行宏代码，如图 5-46 所示。

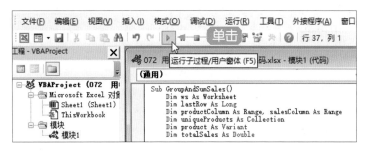

图 5-46

步骤 05 关闭 VBA 编辑器，在工作表中即可分组统计产品销售额，如图 5-47 所示。

	A	B	C	D	E	F	G	H
1	订单	产品	销售额	财务核收				
2	1023001	产品A	5534	已核收		产品A	16483	
3	1023002	产品B	2343	已核收		产品B	9091	
4	1023003	产品D	3541			产品D	10182	
5	1023004	产品F	3554	已核收		产品F	18047	← 统计
6	1023005	产品C	5213	待结款		产品C	19194	
7	1023006	产品F	6641	已核收		产品E	14342	
8	1023007	产品A	5472	待结款				
9	1023008	产品D	6641	待结款				
10	1023009	产品C	5526	已核收				
11	1023010	产品B	6748	已核收				
12	1023011	产品C	8455					
13	1023012	产品A	5477					
14	1023013	产品F	7852	已核收				
15	1023014	产品E	6761					
16	1023015	产品E	7581					

图 5-47

步骤 06 在 F 列和 G 列中输入表头、添加边框、设置填充颜色等，最终效果如图 5-48 所示。

	A	B	C	D	E	F	G	H
1	订单	产品	销售额	财务核收		产品	总销售额	
2	1023001	产品A	5534	已核收		产品A	16483	
3	1023002	产品B	2343	已核收		产品B	9091	
4	1023003	产品D	3541			产品D	10182	
5	1023004	产品F	3554	已核收		产品F	18047	
6	1023005	产品C	5213	待结款		产品C	19194	
7	1023006	产品F	6641	已核收		产品E	14342	
8	1023007	产品A	5472	待结款				
9	1023008	产品D	6641	待结款				
10	1023009	产品C	5526	已核收				
11	1023010	产品B	6748	已核收				
12	1023011	产品C	8455					
13	1023012	产品A	5477					
14	1023013	产品F	7852	已核收				
15	1023014	产品E	6761					
16	1023015	产品E	7581					

图 5-48

073 用 ChatGPT 编写产品数量统计的代码

在产品库存表中，当有多个产品的库存数量较少时，即可开始清点库存并补仓。用户可以让 ChatGPT 编写 VBA 代码对库存数量较少的产品进行数量统计，分析是否需要批量补仓。下面介绍具体的操作方法。

步骤 01 打开一个产品库存表，如图 5-49 所示。需要对库存数量低于 10 的产品数量进行统计，并将结果返回至 F2 单元格中。

	A	B	C	D	E	F
1	编号	产品	库存数量			库存数量低于10的产品个数
2	1001	本子	8			
3	1002	铅笔	15			
4	1003	橡皮擦	5			
5	1004	蓝色签字笔	3			
6	1005	红色签字笔	3			
7	1006	黑色签字笔	15			
8	1007	夏季上衣	9			打开
9	1008	春秋上衣	30			
10	1009	冬季羽绒服	100			
11	1010	牙刷	4			
12	1011	杯子	7			
13	1012	窗帘	1			
14	1013	被子	13			
15	1014	被套	11			
16	1015	凉席	6			

图 5-49

步骤 02 打开 ChatGPT 的聊天窗口，在输入框中输入指令"在 Excel 的 Sheet1 工作表中，A 列为编号、B 列为产品、C 列为库存数量，请用 VBA 代码统计库存数量低于 10 的产品个数，并将结果返回到 Sheet1 工作表的 F2 单元格中"。按 Enter 键发送，ChatGPT 即可回复统计产品数量的运算代码，如图 5-50 所示。

图 5-50

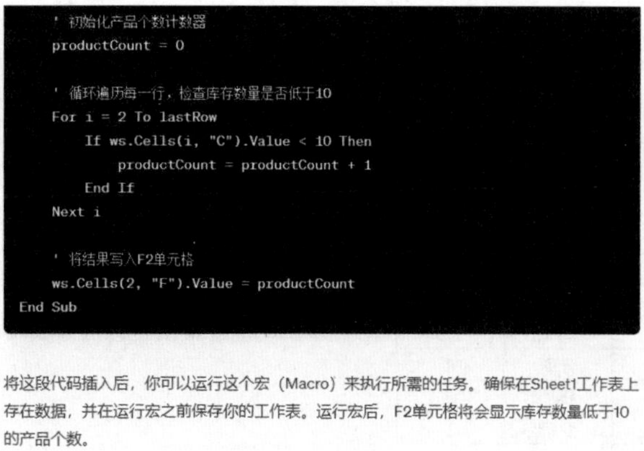

```
          ' 初始化产品个数计数器
          productCount = 0

          ' 循环遍历每一行，检查库存数量是否低于10
          For i = 2 To lastRow
              If ws.Cells(i, "C").Value < 10 Then
                  productCount = productCount + 1
              End If
          Next i

          ' 将结果写入F2单元格
          ws.Cells(2, "F").Value = productCount
      End Sub
```

将这段代码插入后，你可以运行这个宏（Macro）来执行所需的任务。确保在Sheet1工作表上
存在数据，并在运行宏之前保存你的工作表。运行宏后，F2单元格将会显示库存数量低于10
的产品个数。

图 5-50（续）

步骤 03 复制 ChatGPT 编写的代码，返回 Excel 工作表，打开 VBA 编辑器，插
入一个模块，在模块中粘贴复制的代码，如图 5-51 所示。

图 5-51

步骤 04 单击"运行子过程/用户窗体"按钮 ▶ 运行宏代码。然后关闭 VBA 编辑
器，在 F2 单元格中即可返回库存数量低于 10 的产品数量，如图 5-52 所示。

	A	B	C	D	E	F	G
1	编号	产品	库存数量			库存数量低于10的产品个数	
2	1001	本子	8			9	
3	1002	铅笔	15				
4	1003	橡皮擦	5				
5	1004	蓝色签字笔	3				
6	1005	红色签字笔	3			返回	
7	1006	黑色签字笔	15				
8	1007	夏季上衣	9				
9	1008	春秋上衣	30				
10	1009	冬季羽绒服	100				
11	1010	牙刷	4				
12	1011	杯子	7				
13	1012	窗帘	1				
14	1013	被子	13				
15	1014	被套	11				
16	1015	凉席	6				

图 5-52

074 用 ChatGPT 编写统计同类型总值的代码

扫码观看教学视频

在例 072 中，介绍了如何在不改变数据表的情况下进行分组求和，并将结果汇总统计至指定的单元格中。本例将介绍用 ChatGPT 编写 VBA 代码统计同类值，并将总值返回至合并单元格中的操作方法。

步骤 01 打开一个工作表，如图 5-53 所示。需要对同一类产品的销量进行汇总，将结果返回至 D 列合并后的单元格中。

	A	B	C	D
1	订单编号	产品	销量	销量汇总
2	1023011	产品A	500	
3	1023012	产品A	400	
4	1023013	产品A	500	
5	1023014	产品B	380	
6	1023015	产品B	480	
7	1023016	产品C	500	打开
8	1023017	产品C	600	
9	1023018	产品C	480	
10	1023019	产品C	450	
11	1023020	产品D	650	
12	1023021	产品D	550	
13	1023022	产品D	580	
14	1023023	产品D	310	
15	1023024	产品E	450	
16	1023025	产品E	600	

图 5-53

步骤 02 打开 ChatGPT 的聊天窗口，在输入框中输入指令"在 Excel 的 Sheet1 工作表中，A 列为订单编号、B 列为产品、C 列为销量，请编写一个 VBA 代码，从

B2 单元格开始，如果 B 列产品类型相同，则 D 列合并单元格，并将 C 列中的销量求和写入 D 列合并后的单元格中"。按 Enter 键发送，ChatGPT 即可回复统计同类型总值的运算代码，如图 5-54 所示。

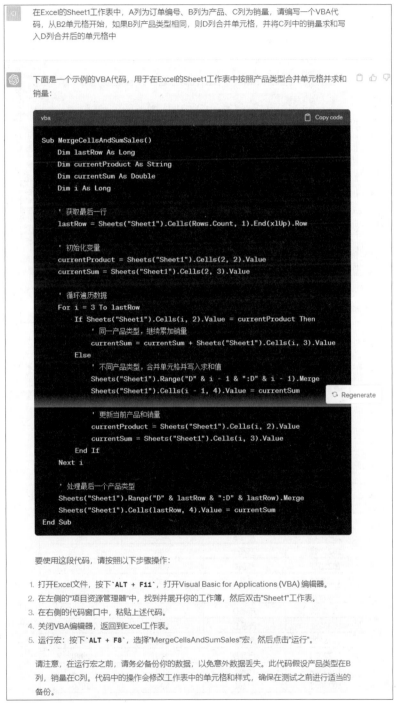

图 5-54

步骤 03 复制 ChatGPT 编写的代码,返回 Excel 工作表,打开 VBA 编辑器,插入一个模块,在模块中粘贴复制的代码,如图 5-55 所示。

```vba
Sub MergeCellsAndSumSales()
    Dim lastRow As Long
    Dim currentProduct As String
    Dim currentSum As Double
    Dim i As Long

    ' 获取最后一行
    lastRow = Sheets("Sheet1").Cells(Rows.Count, 1).End(xlUp).Row

    ' 初始化变量
    currentProduct = Sheets("Sheet1").Cells(2, 2).Value
    currentSum = Sheets("Sheet1").Cells(2, 3).Value

    ' 循环遍历数据
    For i = 3 To lastRow
        If Sheets("Sheet1").Cells(i, 2).Value = currentProduct Then
            ' 同一产品类型,继续累加销量
            currentSum = currentSum + Sheets("Sheet1").Cells(i, 3).Value
        Else
            ' 不同产品类型,合并单元格并写入求和值
            Sheets("Sheet1").Range("D" & i - 1 & ":D" & i - 1).Merge
            Sheets("Sheet1").Cells(i - 1, 4).Value = currentSum

            ' 更新当前产品和销量
            currentProduct = Sheets("Sheet1").Cells(i, 2).Value
            currentSum = Sheets("Sheet1").Cells(i, 3).Value
        End If
    Next i

    ' 处理最后一个产品类型
    Sheets("Sheet1").Range("D" & lastRow & ":D" & lastRow).Merge
    Sheets("Sheet1").Cells(lastRow, 4).Value = currentSum
End Sub
```

图 5-55

步骤 04 单击"运行子过程/用户窗体"按钮▶运行宏代码。然后关闭 VBA 编辑器,返回工作表,可以看到虽然汇总的总销量值是对的,但 D 列单元格并没有分类合并,如图 5-56 所示。

	A	B	C	D
1	订单编号	产品	销量	销量汇总
2	1023011	产品A	500	
3	1023012	产品A	400	
4	1023013	产品A	500	1400
5	1023014	产品B	380	
6	1023015	产品B	480	860
7	1023016	产品C	500	
8	1023017	产品C	600	
9	1023018	产品C	480	
10	1023019	产品C	450	2030
11	1023020	产品D	650	
12	1023021	产品D	550	
13	1023022	产品D	580	
14	1023023	产品D	310	2090
15	1023024	产品E	450	
16	1023025	产品E	600	1050

图 5-56

步骤 05 返回 ChatGPT 的聊天窗口，在输入框中输入指令"没有分类合并 D 列单元格"。按 Enter 键发送，ChatGPT 即可重新编写运算代码，如图 5-57 所示。

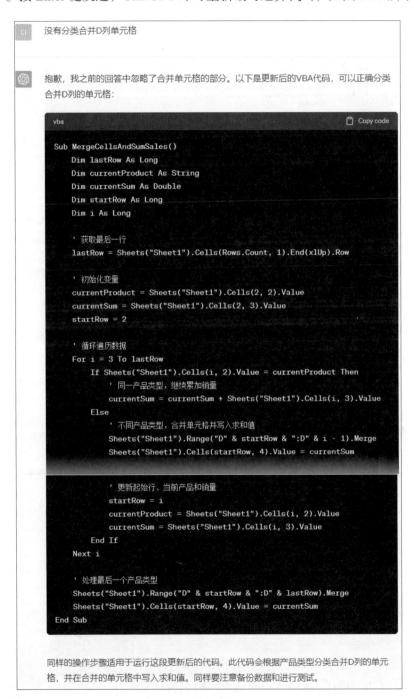

图 5-57

步骤 06 复制 ChatGPT 重新编写的代码，返回 Excel 工作表，打开 VBA 编辑器，在模块中删除之前的代码，粘贴重新复制的代码，如图 5-58 所示。

```
x - 模块1 (代码)

(通用)                                    ▼  MergeCellsAndSumSales                ▼

Sub MergeCellsAndSumSales()
    Dim lastRow As Long
    Dim currentProduct As String
    Dim currentSum As Double
    Dim startRow As Long
    Dim i As Long

    ' 获取最后一行
    lastRow = Sheets("Sheet1").Cells(Rows.Count, 1).End(xlUp).Row

    ' 初始化变量
    currentProduct = Sheets("Sheet1").Cells(2, 2).Value
    currentSum = Sheets("Sheet1").Cells(2, 3).Value
    startRow = 2

    ' 循环遍历数据
    For i = 3 To lastRow
        If Sheets("Sheet1").Cells(i, 2).Value = currentProduct Then
            ' 同一产品类型,继续累加销量
            currentSum = currentSum + Sheets("Sheet1").Cells(i, 3).Value
        Else
            ' 不同产品类型,合并单元格并写入求和值
            Sheets("Sheet1").Range("D" & startRow & ":D" & i - 1).Merge
            Sheets("Sheet1").Cells(startRow, 4).Value = currentSum

            ' 更新起始行、当前产品和销量
            startRow = i
            currentProduct = Sheets("Sheet1").Cells(i, 2).Value
            currentSum = Sheets("Sheet1").Cells(i, 3).Value
        End If
    Next i

    ' 处理最后一个产品类型
    Sheets("Sheet1").Range("D" & startRow & ":D" & lastRow).Merge
    Sheets("Sheet1").Cells(startRow, 4).Value = currentSum
End Sub
```

粘贴

图 5-58

步骤 07 单击"运行子过程/用户窗体"按钮 ▷ 运行宏代码。然后关闭 VBA 编辑器,返回工作表,即可汇总销量并合并单元格,结果如图 5-59 所示。

	A	B	C	D
1	订单编号	产品	销量	销量汇总
2	1023011	产品A	500	
3	1023012	产品A	400	1400
4	1023013	产品A	500	
5	1023014	产品B	380	860
6	1023015	产品B	480	
7	1023016	产品C	500	
8	1023017	产品C	600	2030
9	1023018	产品C	480	
10	1023019	产品C	450	
11	1023020	产品D	650	
12	1023021	产品D	550	2090
13	1023022	产品D	580	
14	1023023	产品D	310	
15	1023024	产品E	450	1050
16	1023025	产品E	600	

图 5-59

075 用 ChatGPT 编写统计成绩分数的代码

对很多老师来说,统计学生成绩明细表中成绩最好的学生、成绩最差的学生以及平均分等是常有的事,用户可以让 ChatGPT 编写

扫码观看教学视频

VBA 代码对学生成绩明细表中的平均分和最高分进行统计。下面介绍具体的操作方法。

步骤 01 打开一个工作表，如图 5-60 所示。A1:E12 单元格区域为学生成绩明细，需要在 F 列和 G 列中新增平均分和最高分两列数据。

	A	B	C	D	E	F
1	班级	姓名	语文	数学	英语	
2	4年1班	李小浩	82	85	83	
3	4年1班	陈霜	75	65	86	
4	4年1班	张佳帅	80	85	64	
5	4年1班	陈晓婕	75	78	65	
6	4年2班	陈晨	96	71	70	← 打开
7	4年2班	卢悦	88	82	85	
8	4年2班	张莲	75	95	35	
9	4年3班	周星星	74	99	60	
10	4年3班	李晓曦	84	85	68	
11	4年4班	陈晨	90	92	90	
12	4年4班	李梦辰	94	90	87	

图 5-60

步骤 02 打开 ChatGPT 的聊天窗口，在输入框中输入指令"在 Excel 的 Sheet1 工作表中，A1:E12 单元格为学生成绩明细，其中 C 列为语文成绩、D 列为数学成绩、E 列为英语成绩，需要在 Sheet1 工作表的 F 列和 G 列中新增各个学生成绩的平均分和最高分两列数据，如何用 VBA 自动实现？"。按 Enter 键发送，ChatGPT 即可回复统计学生成绩平均分和最高分的运算代码，如图 5-61 所示。

图 5-61

```
        MaxCol = 7 ' G列
        Cells(1, MaxCol).Value = "最高分"
        For i = 2 To LastRow
            Cells(i, MaxCol).Formula = "=MAX(C" & i & ":E" & i & ")"
        Next i
End Sub
```

将上述代码粘贴到Sheet1的代码模块中后，你可以运行这个宏（方法是按下"Alt + F8"，选择
"AddAverageAndMaxColumns"，然后点击"运行"按钮）。运行完毕后，Sheet1的F列和G列
将分别显示学生的平均分和最高分。

在运行宏之前，请确保你已经保存好了工作簿的备份，以防不可预料的变化。此外，请注
意，这个示例假设数据在Sheet1的A列到E列中，如有变化，请适当调整代码中的列号和数据
范围。

图 5-61（续）

步骤 03 复制 ChatGPT 编写的代码，返回 Excel 工作表，打开 VBA 编辑器，插
入一个模块，在模块中粘贴复制的代码，如图 5-62 所示。

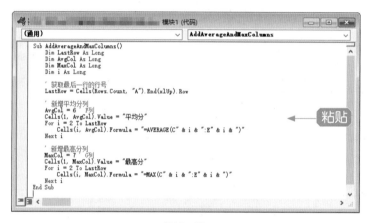

图 5-62

步骤 04 单击"运行子过程/用户窗体"按钮 ▶ 运行宏代码。然后关闭 VBA 编辑器，
在 F 列和 G 列单元格中即可返回各个学生成绩的平均分和最高分数据，如图 5-63 所示。
用户可以根据需要对新增的两列数据进行美化操作。

	A	B	C	D	E	F	G
1	班级	姓名	语文	数学	英语	平均分	最高分
2	4年1班	李小浩	82	85	83	83.3333333	85
3	4年1班	陈霜	75	65	86	75.3333333	86
4	4年1班	张佳帅	80	85	64	76.3333333	85
5	4年1班	陈晓婕	75	78	65	72.6666667	78
6	4年2班	陈晨	96	71	70	79	96
7	4年2班	卢悦	88	82	85	85	88
8	4年2班	张莲	75	95	35	68.3333333	95
9	4年3班	周星星	74	99	60	77.6666667	99
10	4年3班	李晓曦	84	85	68	79	85
11	4年4班	陈晨	90	92	90	90.6666667	92
12	4年4班	李梦辰	94	90	87	90.3333333	94

图 5-63

076 用 ChatGPT 编写统计销售额的代码

扫码观看教学视频

除了分组统计产品销售额，用户还可以让 ChatGPT 编写 VBA 代码对指定的某一种产品的销售额进行统计。下面介绍具体的操作方法。

步骤 01 打开一个工作表，如图 5-64 所示。A1:C9 单元格区域为产品销售明细，需要在 F2 单元格中统计产品 A 的销售总额。

	A	B	C	D	E	F
1	销售日期	销售产品	销售额		销售产品	销售总额
2	8月5日	产品A	1300		产品A	
3	8月6日	产品A	800			
4	8月8日	产品B	500			
5	8月9日	产品B	1400			
6	8月11日	产品A	500			
7	8月12日	产品B	1100			
8	8月14日	产品A	1500			
9	8月15日	产品B	300			

打开 ←

图 5-64

步骤 02 打开 ChatGPT 的聊天窗口，在输入框中输入指令"在 Excel 的 Sheet1 工作表中，B 列为销售产品、C 列为销售额，需要用 VBA 代码统计产品 A 的销售总额，并将统计结果返回至 F2 单元格中"。按 Enter 键发送，ChatGPT 即可回复统计产品 A 销售额的运算代码，如图 5-65 所示。

图 5-65

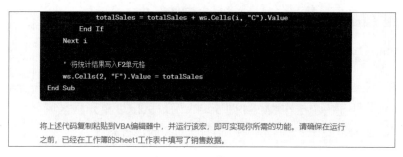

```
                    totalSales = totalSales + ws.Cells(i, "C").Value
        End If
    Next i

    ' 将统计结果写入F2单元格
    ws.Cells(2, "F").Value = totalSales
End Sub
```

将上述代码复制粘贴到VBA编辑器中，并运行该宏，即可实现你所需的功能。请确保在运行
之前，已经在工作簿的Sheet1工作表中填写了销售数据。

图 5-65（续）

步骤 03 复制 ChatGPT 编写的代码，返回 Excel 工作表，打开 VBA 编辑器，插入一个模块，在模块中粘贴复制的代码，如图 5-66 所示。

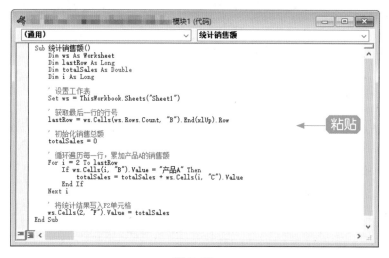

图 5-66

步骤 04 单击"运行子过程/用户窗体"按钮 ▷ 运行宏代码。然后关闭 VBA 编辑器，在 F2 单元格中即可返回产品 A 的销售总额，如图 5-67 所示。

	A	B	C	D	E	F
1	销售日期	销售产品	销售额		销售产品	销售总额
2	8月5日	产品A	1300		产品A	4100
3	8月6日	产品A	800			
4	8月8日	产品B	500			
5	8月9日	产品B	1400			
6	8月11日	产品A	500			
7	8月12日	产品B	1100			
8	8月14日	产品A	1500			
9	8月15日	产品B	300			
10						

图 5-67

077 用 ChatGPT 编写计算工资补贴的代码

扫码观看教学视频

很多企业都有工资补贴，但补贴的方式各不相同，有按工龄补贴的，有按职称补贴的，也有按业绩补贴的，而且补贴额度也有不同的标准。用户可以让 ChatGPT 编写 VBA 代码按照指定的方式计算工资补贴。下面介绍具体的操作方法。

步骤 01 打开一个工作表，如图 5-68 所示。需要在 E 列中根据职称计算工资补贴，其中总监的补贴为 1200 元、经理的补贴为 1000 元、副经理的补贴为 900 元、部长的补贴为 750 元、车间主管的补贴为 500 元、组长的补贴为 200 元、助理的补贴为 100 元。

	A	B	C	D	E
1	编号	姓名	部门	职称	工资补贴
2	1123001	陈璐	设计部	总监	
3	1123002	周密	生产部	部长	
4	1123003	张晓梅	生产部	组长	
5	1123004	陈璐瑶	无尘车间	车间主管	
6	1123005	曾志豪	无尘车间	经理	← 打开
7	1123006	孙潇	无尘车间	副经理	
8	1123007	周茹	生产部	助理	
9	1123008	常如明	生产部	经理	
10	1123009	高企和	无尘车间	部长	
11	1123010	周铭岳	无尘车间	助理	
12	1123011	林墨	生产部	副经理	
13					

图 5-68

步骤 02 打开 ChatGPT 的聊天窗口，在输入框中输入指令"在 Excel 的 Sheet1 工作表中，D 列为员工职称，需要用 VBA 代码根据员工职称计算工资补贴，并将工资补贴金额返回至 E 列单元格中，计算方式为：总监的补贴为 1200 元、经理的补贴为 1000 元、副经理的补贴为 900 元、部长的补贴为 750 元、车间主管的补贴为 500 元、组长的补贴为 200 元、助理的补贴为 100 元"。按 Enter 键发送，ChatGPT 即可回复计算工资补贴的运算代码，如图 5-69 所示。

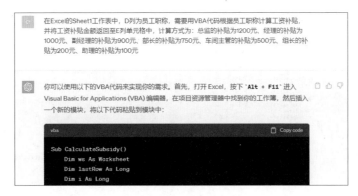

图 5-69

```
' 指定要操作的工作表（Sheet1）
Set ws = ThisWorkbook.Sheets("Sheet1")

' 获取最后一行的行号
lastRow = ws.Cells(ws.Rows.Count, "D").End(xlUp).Row

' 循环计算并填写补贴金额
For i = 2 To lastRow
    Select Case ws.Cells(i, "D").Value
        Case "总监"
            ws.Cells(i, "E").Value = 1200
        Case "经理"
            ws.Cells(i, "E").Value = 1000
        Case "副经理"
            ws.Cells(i, "E").Value = 900
        Case "部长"
            ws.Cells(i, "E").Value = 750
        Case "车间主管"
            ws.Cells(i, "E").Value = 500
        Case "组长"
            ws.Cells(i, "E").Value = 200
        Case "助理"
            ws.Cells(i, "E").Value = 100
        Case Else
            ws.Cells(i, "E").Value = 0 ' 如果职称不在列表中，设为0
    'End Select
Next i
End Sub
```

这段代码会根据 D 列中的员工职称自动计算并填写相应的工资补贴金额到 E 列。在你的 Excel 文件中，确保你的员工职称在 D 列中，并且有相应的单元格数据。在 VBA 编辑器中，运行这个宏，你会看到 E 列中填充了相应的工资补贴金额。

请注意，在运行 VBA 宏之前，最好先在备份文件上测试，以免意外导致数据错误。

图 5-69（续）

步骤 03 复制 ChatGPT 编写的代码，返回 Excel 工作表，打开 VBA 编辑器，插入一个模块，在模块中粘贴复制的代码，如图 5-70 所示。

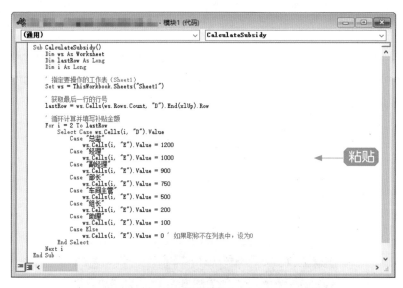

图 5-70

步骤 04 单击"运行子过程/用户窗体"按钮 ▷ 运行宏代码。然后关闭 VBA 编辑器，在 E 列单元格中即可返回工资补贴金额，如图 5-71 所示。

	A	B	C	D	E
1	编号	姓名	部门	职称	工资补贴
2	1123001	陈璐	设计部	总监	1200
3	1123002	周密	生产部	部长	750
4	1123003	张晓梅	生产部	组长	200
5	1123004	陈璐瑶	无尘车间	车间主管	500
6	1123005	曾志豪	无尘车间	经理	1000
7	1123006	孙潇	无尘车间	副经理	900
8	1123007	周茹	生产部	助理	100
9	1123008	常如明	生产部	经理	1000
10	1123009	高企和	无尘车间	部长	750
11	1123010	周铭岳	无尘车间	助理	100
12	1123011	林墨	生产部	副经理	900
13					

图 5-71

078 用 ChatGPT 编写统计重复项数量的代码

扫码观看教学视频

在 Excel 报表中，经常需要统计重复项数量，以便更好地理解和分析数据。通过使用 ChatGPT 编写 VBA 代码，可以轻松实现重复项数量的计算。下面介绍具体的操作方法。

步骤 01 打开一个工作表，如图 5-72 所示。需要统计与合作方飞璃的合作次数，并将合作次数结果返回至 G2 单元格中。

	A	B	C	D	E	F	G
1	项目启动日期	合作项目	合作方	项目完成进度		合作方	合作次数
2	7月2日	项目一	璞珞	100%		飞璃	
3	7月15日	项目二	芯尚	90%			
4	7月22日	项目三	谐韵	85%			
5	8月1日	项目四	飞璃	100%			
6	8月15日	项目五	璞珞	65%			打开
7	9月1日	项目六	芯尚	10%			
8	9月20日	项目七	飞璃	15%			
9	10月10日	项目八	谐韵	0%			
10	10月15日	项目九	飞璃	0%			
11	11月20日	项目十	谐韵	0%			
12							
13							

图 5-72

步骤 02 打开 ChatGPT 的聊天窗口，在输入框中输入指令"在 Excel 的 Sheet1

工作表中，C 列为合作方，需要用 VBA 代码统计合作方飞璃的重复合作的次数，并将结果返回至 G2 单元格中"。按 Enter 键发送，ChatGPT 即可回复统计重复项数量的运算代码，如图 5-73 所示。

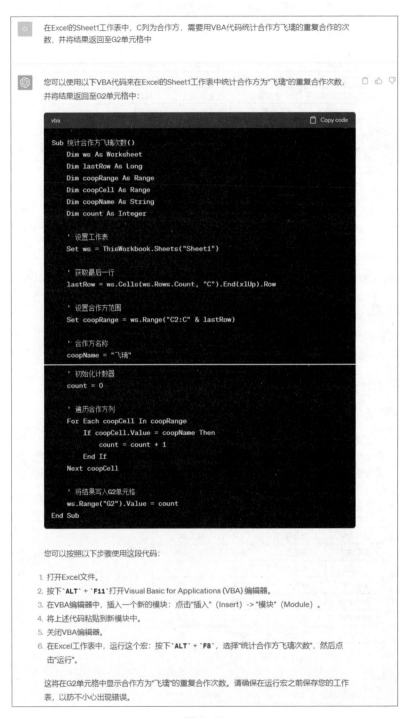

图 5-73

步骤 03 复制 ChatGPT 编写的代码，返回 Excel 工作表，打开 VBA 编辑器，插入一个模块，在模块中粘贴复制的代码，如图 5-74 所示。

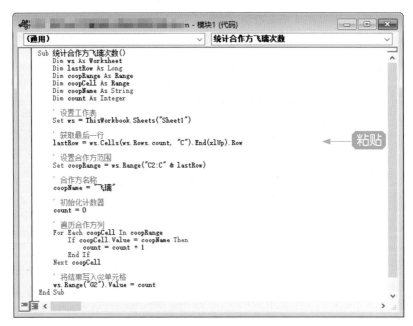

图 5-74

步骤 04 单击"运行子过程/用户窗体"按钮 ▶ 运行宏代码。然后关闭 VBA 编辑器，在 G2 单元格中即可返回统计的合作次数，如图 5-75 所示。

	A	B	C	D	E	F	G
1	项目启动日期	合作项目	合作方	项目完成进度		合作方	合作次数
2	7月2日	项目一	璞珞	100%		飞璃	3
3	7月15日	项目二	芯尚	90%			
4	7月22日	项目三	谐韵	85%			
5	8月1日	项目四	飞璃	100%			
6	8月15日	项目五	璞珞	65%			
7	9月1日	项目六	芯尚	10%			
8	9月20日	项目七	飞璃	15%			
9	10月10日	项目八	谐韵	0%			
10	10月15日	项目九	飞璃	0%			
11	11月20日	项目十	谐韵	0%			
12							

图 5-75

📖 079 用 ChatGPT 编写计算时间差的代码

在日常工作中，需要计算时间差的情况很多，如上班时长、工序时长、车辆运行时长和机械排班统计等。通过使用 ChatGPT 编写

扫码观看教学视频

VBA 代码可以计算时间差，并用"h 小时 m 分钟"的格式显示时间差。除此之外，还可以在工作表中创建多个宏，计算累计用时。下面介绍具体的操作方法。

步骤 01 打开一个工作表，如图 5-76 所示。A 列为开始时间、B 列为结束时间，需要计算开始时间和结束时间之间的时间差，并将计算结果返回至 C 列单元格中。

	A	B	C
1	开始时间	结束时间	时间差
2	2023/9/20 8:00	2023/9/20 12:10	
3	2023/9/20 13:30	2023/9/20 17:35	
4	2023/9/20 18:30	2023/9/20 21:00	
5	累计用时		
6			
7			

图 5-76

步骤 02 打开 ChatGPT 的聊天窗口，在输入框中输入指令"在 Excel 的 Sheet1 工作表中，A 列为开始时间、B 列为结束时间，时间以'2023/9/20 8:00'的格式显示，需要用 VBA 代码计算开始时间和结束时间之间的时间差，并将计算结果以'h 小时 m 分钟'的格式显示在 C 列单元格中"。按 Enter 键发送，ChatGPT 即可回复计算时间差的运算代码，如图 5-77 所示。

```
在Excel的Sheet1工作表中，A列为开始时间、B列为结束时间，时间以"2023/9/20 8:00"的格
式显示，需要用VBA代码计算开始时间和结束时间之间的时间差，并将计算结果以"h小时m分
钟"的格式显示在C列单元格中

您可以使用以下VBA代码来实现您的需求。将这段代码添加到Excel的VBA编辑器中，确保在
Sheet1的代码模块中进行操作。您可以通过按下`Alt` + `F11`打开VBA编辑器，然后在左侧
的项目浏览器中双击Sheet1以打开代码模块。

vba                                                    Copy code

Sub CalculateTimeDifference()
    Dim lastRow As Long
    Dim i As Long

    ' Find the last used row in column A
    lastRow = Cells(Rows.Count, "A").End(xlUp).Row

    ' Loop through the rows and calculate time difference
    For i = 2 To lastRow
        If IsDate(Cells(i, 1).Value) And IsDate(Cells(i, 2).Value) Then
            Dim startTime As Date
            Dim endTime As Date
            Dim timeDiff As Double

            startTime = Cells(i, 1).Value
            endTime = Cells(i, 2).Value
```

图 5-77

```
        timeDiff = endTime - startTime

        ' Convert time difference to hours and minutes
        Dim hours As Long
        Dim minutes As Long

        hours = Int(timeDiff * 24)
        minutes = Round((timeDiff * 24 - hours) * 60)

        ' Write the result to column C
        Cells(i, 3).Value = hours & "小时" & minutes & "分钟"
      Else
        Cells(i, 3).Value = "时间格式错误"
      End If
    Next i
End Sub
```

在上述代码中，我们首先找到了 A 列中最后一个非空单元格的行号，然后使用循环遍历每一行，计算开始时间和结束时间之间的时间差，并将结果以小时和分钟的格式显示在 C 列中。如果时间格式不正确，将在 C 列中显示"时间格式错误"。

请注意，您需要确保在运行此代码之前将 VBA 项目的安全性设置为允许宏执行。您可以在 Excel 中的"选项" > "信任中心" > "宏设置"中进行设置。同时，在运行代码之前最好先备份您的工作表数据，以免意外修改数据。

图 5-77（续）

专家指点

注意，本例素材工作表中，A 列和 B 列单元格中的时间显示格式和 C 列时间差的显示格式是不同的，因此在向 ChatGPT 提出问题时需要将两种时间格式都写清楚，否则 ChatGPT 编写的代码很可能无法运行。

步骤 03 复制 ChatGPT 编写的代码，返回 Excel 工作表，打开 VBA 编辑器，插入一个模块，在模块中粘贴复制的代码，如图 5-78 所示。

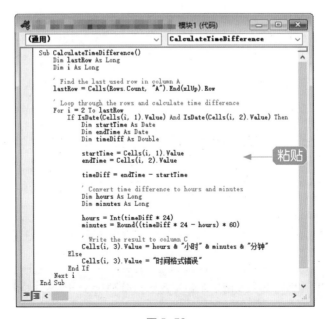

图 5-78

步骤 04 单击"运行子过程/用户窗体"按钮▶运行宏代码。然后关闭 VBA 编辑器，在 C 列单元格中即可返回时间差的计算结果，结果如图 5-79 所示。

	A	B	C
1	开始时间	结束时间	时间差
2	2023/9/20 8:00	2023/9/20 12:10	4小时10分钟
3	2023/9/20 13:30	2023/9/20 17:35	4小时5分钟
4	2023/9/20 18:30	2023/9/20 21:00	2小时30分钟
5	累计用时		时间格式错误
6			
7			

图 5-79

步骤 05 由于第 5 行内容不是时间，因此代码运行后计算失败，显示"时间格式错误"，选择 C5 单元格，将文本内容删除，结果如图 5-80 所示。

	A	B	C
1	开始时间	结束时间	时间差
2	2023/9/20 8:00	2023/9/20 12:10	4小时10分钟
3	2023/9/20 13:30	2023/9/20 17:35	4小时5分钟 删除
4	2023/9/20 18:30	2023/9/20 21:00	2小时30分钟
5	累计用时		
6			
7			

图 5-80

步骤 06 接下来，需要统计 C2:C4 单元格区域累计的时间差，打开 ChatGPT 的聊天窗口，在输入框中输入指令"在 Excel 的 Sheet1 工作表中，C2:C4 单元格中的时间以'h 小时 m 分钟'的格式显示，需要用 VBA 代码累计计算 C2:C4 单元格中的时间，并将计算结果返回至 C5 单元格中，计算结果同样以'h 小时 m 分钟'的格式显示"。按 Enter 键发送，ChatGPT 即可回复计算累计用时的运算代码，如图 5-81 所示。

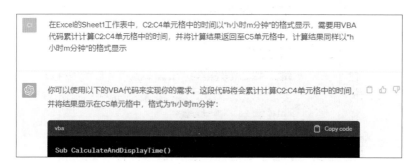

图 5-81

```
Dim totalHours As Long
Dim totalMinutes As Long
Dim totalTime As String
Dim i As Integer

' 初始化累计计算的小时和分钟
totalHours = 0
totalMinutes = 0

' 循环遍历C2:C4单元格，解析时间并累计计算
For i = 2 To 4 ' 从第2行到第4行
    Dim timeValue As String
    timeValue = Range("C" & i).Value ' 获取单元格的值

    ' 解析小时和分钟
    Dim hours As Long
    Dim minutes As Long
    hours = CLng(Split(timeValue, "小时")(0))
    minutes = CLng(Split(Split(timeValue, "小时")(1), "分钟")(0))

    ' 累计计算
    totalHours = totalHours + hours
    totalMinutes = totalMinutes + minutes
Next i

' 进行小时和分钟的调整
totalHours = totalHours + totalMinutes \ 60
totalMinutes = totalMinutes Mod 60

' 格式化累计时间
totalTime = totalHours & "小时" & totalMinutes & "分钟"

' 将计算结果显示在C5单元格中
Range("C5").Value = totalTime
End Sub
```

你可以按照以下步骤在Excel中使用这段VBA代码：

1. 打开Excel文件。
2. 按下 `Alt` + `F11` 打开Visual Basic for Applications（VBA）编辑器。
3. 在VBA编辑器中，插入一个新的模块（Module）。
4. 将以上代码粘贴到新的模块中。
5. 关闭VBA编辑器。
6. 在Excel中，选择要计算的时间数据所在的Sheet1工作表。
7. 按下 `Alt` + `F8`，选择"CalculateAndDisplayTime"宏，并点击"运行"。

运行该宏后，C5单元格将会显示累计计算后的时间，以'h小时m分钟'的格式呈现。注意，这段代码假设时间数据中的"小时"和"分钟"之间是用空格分隔的。如果你的数据格式不同，你可能需要适当修改代码以匹配你的数据格式。

图 5-81（续）

专家指点

　　注意，如果 ChatGPT 编写的 VBA 代码运行出错，或者返回的计算结果不是正确的或者是不理想的，用户可以单击 Regenerate 按钮重新生成新的 VBA 代码；或者检查一下自己提出的问题是否符合逻辑，提供的信息是否完整、正确，如果检查出来提问内容有误，可以在 ChatGPT 中进行指令改写操作；还可以新建一个聊天窗口，重新进行提问。

步骤 07 复制 ChatGPT 编写的代码，返回 Excel 工作表，打开 VBA 编辑器，插入一个新的模块，在模块 2 中粘贴复制的代码，如图 5-82 所示。

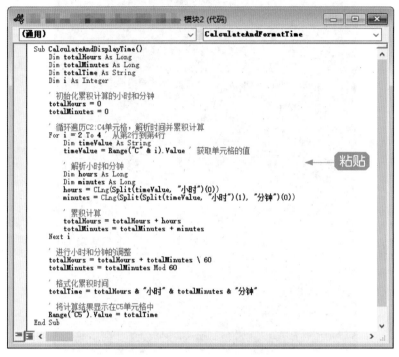

图 5-82

步骤 08 单击"运行子过程/用户窗体"按钮 ▶ 运行宏代码。然后关闭 VBA 编辑器，在 C5 单元格中即可返回累计用时，如图 5-83 所示。

	A	B	C	D
1	开始时间	结束时间	时间差	
2	2023/9/20 8:00	2023/9/20 12:10	4小时10分钟	
3	2023/9/20 13:30	2023/9/20 17:35	4小时5分钟	
4	2023/9/20 18:30	2023/9/20 21:00	2小时30分钟	
5	累计用时		10小时45分钟	
6				
7				
8			返回	
9				

图 5-83

第6章

ChatGPT + VBA： 自动处理表格数据

学习提示

第 5 章介绍了用 ChatGPT + VBA 实现表格自动化执行计算数据的高效操作，本章将继续介绍用 ChatGPT + VBA 实现表格自动化执行数据处理的操作方法，帮助大家轻松处理表格数据，让办公高效化、操作智能化。

本章重点导航

- ◇ 用 ChatGPT 编写拆合代码
- ◇ 用 ChatGPT 编写查找、筛选、排序代码
- ◇ 用 ChatGPT 编写批量操作代码
- ◇ 用 ChatGPT 编写其他代码

6.1 用 ChatGPT 编写拆合代码

在 Excel 中，用户可以用 ChatGPT 编写的拆分、合并等代码，执行自动拆分工作表、自动合并工作表、多表合成总表以及单行拆分为多行等任务，能够极大地简化开发过程，节省时间和精力。无论用户是初学者还是有一定的经验，用 ChatGPT 编写拆合代码都可以为用户带来强大的智能助力。

080 用 ChatGPT 编写拆分工作表的代码

拆分工作表是指将工作簿中的多个工作表拆分为多个单独的文件，如果将工作表一个一个地拆分需要耗费太多时间，用户可以用 ChatGPT 编写拆分工作表的代码，让 Excel 自行拆分工作表。下面介绍具体的操作方法。

扫码观看教学视频

步骤 01 打开一个包含多个工作表的工作簿，其中两个工作表如图 6-1 所示。

	A	B	C	D	E
1	模具	库存（件）	单价（元）	价值（元）	
2	模具1	350	2	700	
3	模具2	455	3	1365	
4	模具3	264	2	528	
5	模具4	100	3	300	
6	模具5	630	2	1260	
7	模具6	480	3	1440	
8	模具7	370	3	1110	
9	模具8	260	2	520	

	A	B	C	D	E
1	模具	库存（件）	单价（元）	价值（元）	
2	模具17	3500	8.5	29750	
3	模具18	4500	4.6	20700	
4	模具19	3350	6.2	20770	
5	模具20	5200	4.5	23400	
6	模具21	5000	3.3	16500	
7	模具22	4800	4.5	21600	
8	模具23	4500	7.5	33750	
9	模具24	4500	6.8	30600	

图 6-1

步骤 02 打开 ChatGPT 的聊天窗口，在输入框中输入指令"在 Excel 工作簿中，需要将多个工作表拆分成单独的文件，不需要保存路径，该如何编写宏代码？"。按 Enter 键发送，ChatGPT 即可根据提问编写工作表拆分代码，并向用户提供详细的操作步骤，如图 6-2 所示。

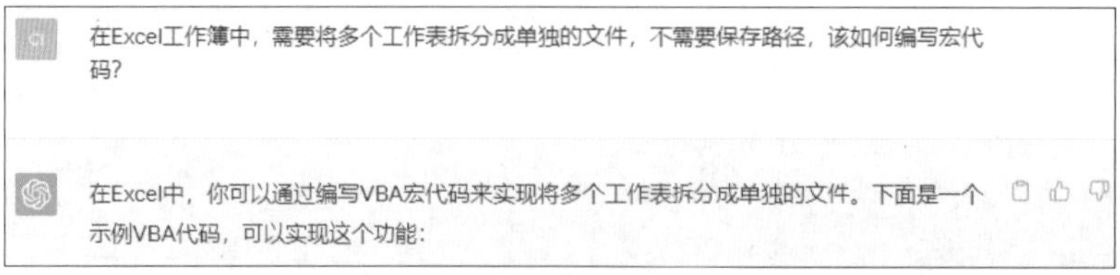

在Excel工作簿中，需要将多个工作表拆分成单独的文件，不需要保存路径，该如何编写宏代码？

在Excel中，你可以通过编写VBA宏代码来实现将多个工作表拆分成单独的文件。下面是一个示例VBA代码，可以实现这个功能：

图 6-2

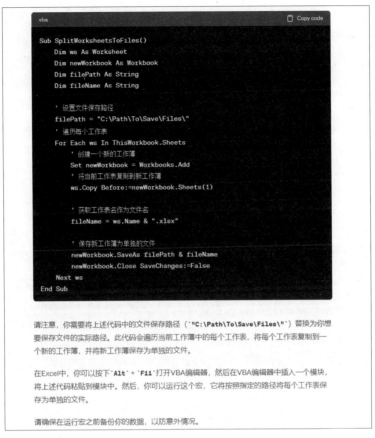

```vba
Sub SplitWorksheetsToFiles()
    Dim ws As Worksheet
    Dim newWorkbook As Workbook
    Dim filePath As String
    Dim fileName As String

    ' 设置文件保存路径
    filePath = "C:\Path\To\Save\Files\"
    ' 遍历每个工作表
    For Each ws In ThisWorkbook.Sheets
        ' 创建一个新的工作簿
        Set newWorkbook = Workbooks.Add
        ' 将当前工作表复制到新工作簿
        ws.Copy Before:=newWorkbook.Sheets(1)

        ' 获取工作表名作为文件名
        fileName = ws.Name & ".xlsx"

        ' 保存新工作簿为单独的文件
        newWorkbook.SaveAs filePath & fileName
        newWorkbook.Close SaveChanges:=False
    Next ws
End Sub
```

请注意，你需要将上述代码中的文件保存路径（`"C:\Path\To\Save\Files\"`）替换为你想
要保存文件的实际路径。此代码会遍历当前工作簿中的每个工作表，将每个工作表复制到一
个新的工作簿，并将新工作簿保存为单独的文件。

在Excel中，你可以按下`Alt`＋`F11`打开VBA编辑器，然后在VBA编辑器中插入一个模块，
将上述代码粘贴到模块中。然后，你可以运行这个宏，它将按照指定的路径将每个工作表保
存为单独的文件。

请确保在运行宏之前备份你的数据，以防意外情况。

图 6-2（续）

步骤 03 复制 ChatGPT 编写的代码，返回 Excel 工作表，打开 VBA 编辑器，插
入一个新的模块，在其中粘贴复制的代码，并修改文件保存路径为"D:\效果\第6章\080
用 ChatGPT 编写拆分工作表的代码"，如图 6-3 所示。

图 6-3

步骤 **04** 单击"运行子过程／用户窗体"按钮▶或按 F5 键运行宏。然后关闭 VBA 编辑器，即可在文件夹中保存拆分的文件，如图 6-4 所示。

图 6-4

081 用 ChatGPT 编写合并工作表的代码

扫码观看教学视频

合并工作表是指将多个工作表合并为一个工作簿，用户可以用 ChatGPT 编写合并工作表的代码，让 Excel 自行合并工作表。下面介绍具体的操作方法。

步骤 **01** 打开一个文件夹，其中保存了多个工作表，需要将多个工作表整合到一个工作簿中，如图 6-5 所示。

图 6-5

步骤 **02** 打开 ChatGPT 的聊天窗口，在输入框中输入指令"在 Excel 中，需要将当前工作簿所在文件夹中的多个 Excel 文件合并到一个工作簿中，该如何编写宏代码？"。按 Enter 键发送，ChatGPT 即可根据提问编写合并工作表的代码，并向用户提供详细的操作步骤，如图 6-6 所示。

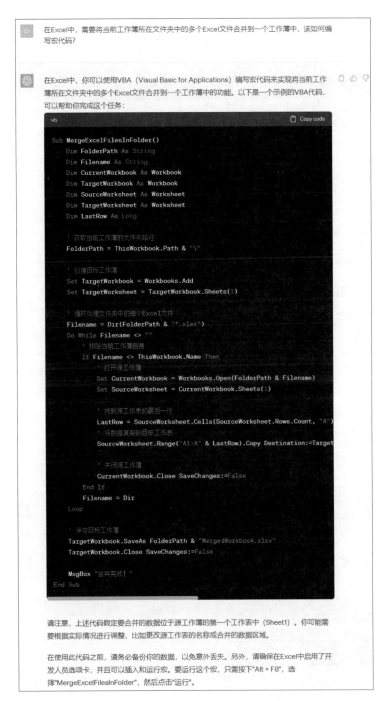

在Excel中，需要将当前工作簿所在文件夹中的多个Excel文件合并到一个工作簿中，该如何编写宏代码？

在Excel中，你可以使用VBA（Visual Basic for Applications）编写宏代码来实现将当前工作簿所在文件夹中的多个Excel文件合并到一个工作簿中的功能。以下是一个示例的VBA代码，可以帮助你完成这个任务：

```vb
Sub MergeExcelFilesInFolder()
    Dim FolderPath As String
    Dim Filename As String
    Dim CurrentWorkbook As Workbook
    Dim TargetWorkbook As Workbook
    Dim SourceWorksheet As Worksheet
    Dim TargetWorksheet As Worksheet
    Dim LastRow As Long

    ' 获取当前工作簿的文件夹路径
    FolderPath = ThisWorkbook.Path & "\"

    ' 创建目标工作簿
    Set TargetWorkbook = Workbooks.Add
    Set TargetWorksheet = TargetWorkbook.Sheets(1)

    ' 循环处理文件夹中的每个Excel文件
    Filename = Dir(FolderPath & "*.xlsx")
    Do While Filename <> ""
        ' 排除当前工作簿自身
        If Filename <> ThisWorkbook.Name Then
            ' 打开源工作簿
            Set CurrentWorkbook = Workbooks.Open(FolderPath & Filename)
            Set SourceWorksheet = CurrentWorkbook.Sheets(1)

            ' 找到源工作表的最后一行
            LastRow = SourceWorksheet.Cells(SourceWorksheet.Rows.Count, "A")
            ' 将数据复制到目标工作表
            SourceWorksheet.Range("A1:A" & LastRow).Copy Destination:=Target

            ' 关闭源工作簿
            CurrentWorkbook.Close SaveChanges:=False
        End If
        Filename = Dir
    Loop

    ' 保存目标工作簿
    TargetWorkbook.SaveAs FolderPath & "MergedWorkbook.xlsx"
    TargetWorkbook.Close SaveChanges:=False

    MsgBox "合并完成！"
End Sub
```

请注意，上述代码假定要合并的数据位于源工作簿的第一个工作表中（Sheet1）。你可能需要根据实际情况进行调整，比如更改源工作表的名称或合并的数据区域。

在使用此代码之前，请务必备份你的数据，以免意外丢失。另外，请确保在Excel中启用了开发人员选项卡，并且可以插入和运行宏。要运行这个宏，只需按下"Alt + F8"，选择"MergeExcelFilesInFolder"，然后点击"运行"。

图 6-6

专家指点

当 ChatGPT 的代码框中没有显示完整的代码内容时，用户可以通过拖曳代码框底部滑块的方式查看没有显示的代码内容。

步骤 03 复制编写的宏代码，打开文件夹中任意一个 Excel 工作表，打开 VBA 编辑器，插入一个新的模块，在其中粘贴复制的代码，如图 6-7 所示。

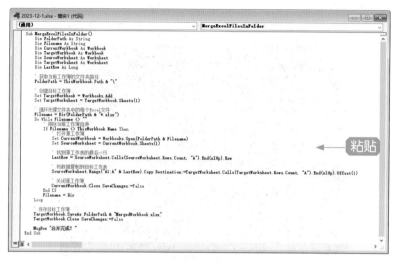

图 6-7

步骤 04 单击"运行子过程 / 用户窗体"按钮▶或按 F5 键运行宏。稍等片刻，会弹出信息提示框，提示合并完成，单击"确定"按钮，如图 6-8 所示。

步骤 05 关闭 VBA 编辑器，即可在文件夹中生成一个合并的工作簿，如图 6-9 所示。用户可以双击工作簿打开查看合并的工作表。

图 6-8

图 6-9

082 用 ChatGPT 编写多表合成总表的代码

多表合成总表是指用 ChatGPT 编写的代码在 Excel 中将多个工作表中的数据合并处理，生成一张新的汇总表。例如，将两张成绩表合成一张新的总成绩表。下面介绍具体的操作方法。

扫码观看教学视频

步骤 01 打开一个工作簿，其中有两张成绩表，如图 6-10 所示。需要对这两张成绩表中的数据进行合并。

	A	B	C	D	E	F	G	H
1	学生学号	学生姓名	语文成绩	数学成绩	英语成绩	历史成绩	政治成绩	地理成绩
2	20230904001	张小北	87	113	88	80	86	90
3	20230904003	周曼	65	89	60	81	80	76
4	20230904004	李木子	99	93	90	93	84	84
5	20230904008	赵云	87	71	98	76	85	75
6	20230904009	王一一	95	88	75	72	82	85
7	20230904010	钱萌	93	85	80	86	76	67

	A	B	C	D	E	F	G	H
1	学生学号	学生姓名	语文成绩	数学成绩	英语成绩	历史成绩	政治成绩	地理成绩
2	20230904002	罗青	78	100	66	90	93	94
3	20230904005	陈东尔	84	94	83	85	90	85
4	20230904006	罗思客	110	43	103	92	82	75
5	20230904007	陈晨	108	65	110	82	95	58
6	20230904011	孟辉	114	115	110	94	90	94
7	20230904012	郭京京	105	117	102	92	95	98

图 6-10

步骤 02 打开 ChatGPT 的聊天窗口，在输入框中输入指令"编写一段 VBA 代码，需要在 Excel 工作簿中，将所有的工作表合并到一个新建的工作表中，新建的工作表命名为'总成绩表'，需要注意的是标题只保留一次，且新建的工作表中，学生学号要重新按顺序排序"。按 Enter 键发送，ChatGPT 即可编写多表合并的代码，如图 6-11 所示。

图 6-11

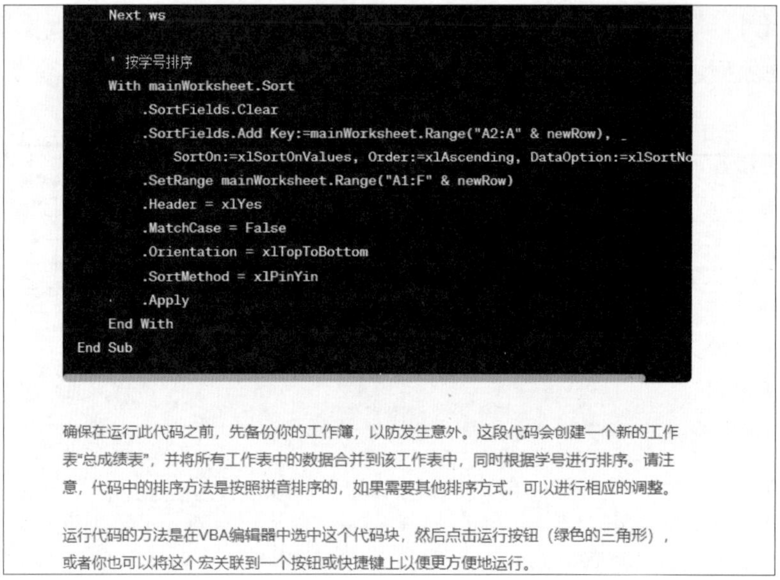

```
    Next ws

    ' 按学号排序
    With mainWorksheet.Sort
        .SortFields.Clear
        .SortFields.Add Key:=mainWorksheet.Range("A2:A" & newRow), _
            SortOn:=xlSortOnValues, Order:=xlAscending, DataOption:=xlSortNo
        .SetRange mainWorksheet.Range("A1:F" & newRow)
        .Header = xlYes
        .MatchCase = False
        .Orientation = xlTopToBottom
        .SortMethod = xlPinYin
        .Apply
    End With
End Sub
```

确保在运行此代码之前，先备份你的工作簿，以防发生意外。这段代码会创建一个新的工作表"总成绩表"，并将所有工作表中的数据合并到该工作表中，同时根据学号进行排序。请注意，代码中的排序方法是按照拼音排序的，如果需要其他排序方式，可以进行相应的调整。

运行代码的方法是在VBA编辑器中选中这个代码块，然后点击运行按钮（绿色的三角形），或者你也可以将这个宏关联到一个按钮或快捷键上以便更方便地运行。

图 6-11（续）

步骤 03 复制 ChatGPT 编写的代码，返回 Excel 工作表，打开 VBA 编辑器，插入一个新的模块，在其中粘贴复制的代码，如图 6-12 所示。

```
Sub MergeWorksheetsAndSort()
    Dim mainWorksheet As Worksheet
    Dim newWorksheet As Worksheet
    Dim ws As Worksheet
    Dim lastRow As Long
    Dim newRow As Long

    ' 创建新的工作表
    Set mainWorksheet = ThisWorkbook.Sheets.Add
    mainWorksheet.Name = "总成绩表"
    newRow = 2

    ' 将标题复制到新工作表
    ThisWorkbook.Sheets(1).Rows(1).Copy mainWorksheet.Rows(1)

    ' 遍历所有工作表
    For Each ws In ThisWorkbook.Worksheets
        If ws.Name <> mainWorksheet.Name Then ' 排除新建的总成绩表
            lastRow = ws.Cells(ws.Rows.Count, "A").End(xlUp).Row
            ws.Rows("2:" & lastRow).Copy mainWorksheet.Rows(newRow)
            newRow = newRow + (lastRow - 1)
        End If
    Next ws

    ' 按学号排序
    With mainWorksheet.Sort
        .SortFields.Clear
        .SortFields.Add Key:=mainWorksheet.Range("A2:A" & newRow), _
            SortOn:=xlSortOnValues, Order:=xlAscending, DataOption:=xlSortNormal
        .SetRange mainWorksheet.Range("A1:F" & newRow)
        .Header = xlYes
        .MatchCase = False
        .Orientation = xlTopToBottom
        .SortMethod = xlPinYin
        .Apply
    End With
End Sub
```

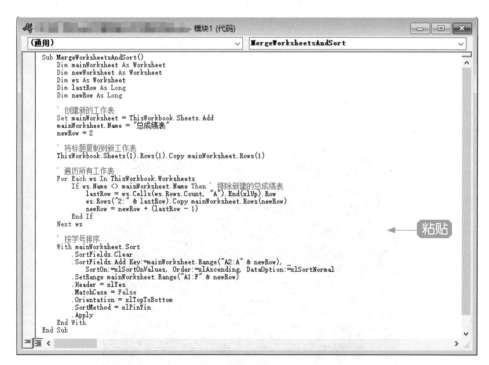

图 6-12

步骤 04 运行宏代码，关闭 VBA 编辑器，即可新建一个“总成绩表”并合并数据，如图 6-13 所示，可以看到工作表中的数据是按学生学号排序的。

学生学号	学生姓名	语文成绩	数学成绩	英语成绩	历史成绩	政治成绩	地理成绩
20230904001	张小北	87	113	88	80	85	90
20230904002	罗青	78	100	66	90	80	76
20230904003	周曼	65	89	60	81	84	84
20230904004	李木子	99	93	90	93	85	75
20230904005	陈东尔	84	94	83	85	82	85
20230904006	罗思喜	110	43	103	92	76	67
20230904007	陈晨	108	65	110	82	93	94
20230904008	赵云	87	71	98	76	90	85
20230904009	王一一	95	88	75	72	82	75
20230904010	钱萌	93	85	80	86	95	58
20230904011	孟辉	114	115	110	94	90	94
20230904012	郭京京	105	117	102	92	95	98

总成绩表　Sheet1　Sheet2　+

图 6-13

083 用 ChatGPT 编写单行拆分为多行的代码

扫码观看教学视频

在 Excel 中，用户可以使用 ChatGPT 编写 VBA 代码实现将单元格中的单行文本拆分成多行文本，并将其插入指定的单元格中。下面介绍具体的操作方法。

步骤 01 打开一个工作表，如图 6-14 所示。需要将 C 列中的家庭成员姓名拆分至 F 列，同时在 E 列中插入姓名对应的房号。

	A	B	C
1	房号	人数	家庭成员
2	2001	3	周程程、梁梦露、周子潇
3	2002	4	张岳、周晓、张旭飞、张栩菲
4	5001	6	童成武、童小鱼、童牧、童景、周璐、梁月
5	6001	5	高慕寒、程婷、高风、高亮、高洁
6	6002	5	陆长风、马婉婷、马万荣、陆萍、陆青
7	8001	4	申瑞涛、申城、申子瑜、申小梦
8	8002	1	赵笕
9	9001	2	郑凯、王海玲
10			

图 6-14

步骤 02 打开 ChatGPT 的聊天窗口，在输入框中输入指令"在 Excel 工作表中，A 列为房号、B 列为人数、C 列为家庭成员姓名（姓名之间用顿号间隔），需要编写一段 VBA 代码，首先将 C 列中的姓名拆分成单独的行并插入到 F 列单元格中，然后根据 F 列中的姓名在 E 列插入对应的房号"。按 Enter 键发送，ChatGPT 即可编写单行拆分成多行的代码，如图 6-15 所示。

在Excel工作表中，A列为房号、B列为人数、C列为家庭成员姓名（姓名之间用顿号间隔），需要编写一段VBA代码，首先将C列中的姓名拆分成单独的行并插入到F列单元格中，然后根据F列中的姓名在E列插入对应的房号

你可以使用以下的VBA代码来实现你的需求。这段代码会遍历C列中的家庭成员姓名，将它们拆分成单独的行并插入到F列中，然后根据F列中的姓名在E列插入对应的房号。

```vba
Sub SplitNamesAndAssignRoomNumbers()
    Dim ws As Worksheet
    Dim lastRow As Long, newRow As Long, i As Long
    Dim namesArr() As String
    Dim roomNumber As String

    ' Set the worksheet where data is located
    Set ws = ThisWorkbook.Sheets("Sheet1") ' Replace "Sheet1" with your shee

    ' Find the last used row in column A
    lastRow = ws.Cells(ws.Rows.Count, "A").End(xlUp).Row

    ' Loop through each row in the data
    For i = 1 To lastRow
        ' Get the names and room number from columns C and A
        namesArr = Split(ws.Cells(i, "C").Value, "、") ' Change "、" to your
        roomNumber = ws.Cells(i, "A").Value

        ' Insert the names into column F
        For Each name In namesArr
            newRow = ws.Cells(ws.Rows.Count, "F").End(xlUp).Row + 1
            ws.Cells(newRow, "F").Value = Trim(name)

            ' Insert the corresponding room number in column E
            ws.Cells(newRow, "E").Value = roomNumber
        Next name
    Next i
End Sub
```

请注意以下事项：

1. 在代码中的 `Set ws = ThisWorkbook.Sheets("Sheet1")`，将"Sheet1"替换为你实际的工作表名称。
2. 如果家庭成员姓名之间的分隔符不是顿号（"、"），请将 `Split` 函数中的分隔符改为你实际使用的分隔符。
3. 代码执行前最好备份一份你的Excel文件，以防万一。

在运行代码之前，确保你已经启用了Excel的开发人员选项卡（Developer Tab），并且已经在其中创建了一个模块。将上述代码复制粘贴到模块中，然后运行它。这将按照你的需求重新组织数据。

图 6-15

步骤 03 复制 ChatGPT 编写的代码，返回 Excel 工作表，打开 VBA 编辑器，插入一个新的模块，在其中粘贴复制的代码，如图 6-16 所示。

步骤 04 运行宏代码，关闭 VBA 编辑器，即可将 C 列中的家庭成员姓名拆分至 F 列中，并在 E 列插入对应的房号，部分数据截图结果如图 6-17 所示。

图 6-16

图 6-17

6.2 用 ChatGPT 编写查找、筛选、排序代码

除了用 VBA 代码对工作表和工作表中的数据进行拆分、合并，还可以用 ChatGPT 编写查找、筛选和排序代码，与 Excel 进行深度集成。

084 用 ChatGPT 编写跨表查找值的代码

用 ChatGPT 编写跨表查找值的代码的目的是能够在多个表格中快速查找特定的数据。代码会自动扫描给定范围，找到第一个匹配的数据，并将其位置进行反馈。这样，用户不必手动逐个搜索表格，而是通过代码来完成。下面介绍具体的操作方法。

步骤 01 打开一个工作簿，其中 Sheet1 工作表为水果购买清单，Sheet2 工作表为水果单价表，如图 6-18 所示。需要在 Sheet2 工作表中找到 Sheet1 工作表中水果对应的单价。

	A	B	C	D	E
1	水果	单价（元/斤）	数量（斤）	总价（元）	
2	苹果		3.3	0	
3	草莓		3	0	
4	香蕉		5.8	0	
5	荔枝		10	0	
6	西瓜		9.3	0	
7					
8					
9					
10					

	A	B	C	D	E
1	序号	水果	单价（元/斤）		
2	1	苹果	4.5		
3	2	香蕉	2.8		
4	3	橙子	3.2		
5	4	葡萄	6		
6	5	草莓	10.5		
7	6	西瓜	1.2		
8	7	梨子	3.8		
9	8	桃子	5		
10	9	榴莲	18		
11	10	芒果	8.5		
12	11	柠檬	2		
13	12	菠萝	4.2		
14	13	猕猴桃	7.5		
15	14	荔枝	9.8		
16	15	樱桃	15		

图 6-18

步骤 02 打开 ChatGPT 的聊天窗口，在输入框中输入指令"在 Excel 的 Sheet1 工作表中，A 列为各类水果、B 列为水果单价，在 Sheet2 工作表中，B 列为各类水果、C 列为水果单价，需要编写一段 VBA 代码，从 Sheet2 工作表中查找并返回 Sheet1 工作表中各类水果所对应的单价"。按 Enter 键发送，ChatGPT 即可编写跨表查找值的代码，如图 6-19 所示。

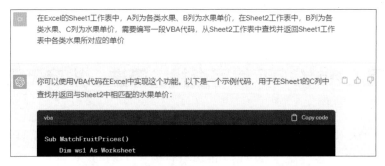

图 6-19

```
    Dim ws2 As Worksheet
    Dim lastRow1 As Long
    Dim lastRow2 As Long
    Dim fruitColumn1 As Range
    Dim fruitColumn2 As Range
    Dim fruitCell As Range
    Dim priceCell As Range

    ' 设置要操作的工作表
    Set ws1 = ThisWorkbook.Sheets("Sheet1")
    Set ws2 = ThisWorkbook.Sheets("Sheet2")

    ' 获取工作表中数据的最后一行
    lastRow1 = ws1.Cells(ws1.Rows.Count, "A").End(xlUp).Row
    lastRow2 = ws2.Cells(ws2.Rows.Count, "B").End(xlUp).Row

    ' 设置水果和单价所在的列范围
    Set fruitColumn1 = ws1.Range("A2:A" & lastRow1)
    Set fruitColumn2 = ws2.Range("B2:B" & lastRow2)

    ' 循环遍历Sheet1中的水果
    For Each fruitCell In fruitColumn1
        ' 在Sheet2中查找对应的水果
        Set priceCell = fruitColumn2.Find(What:=fruitCell.Value, LookIn:=xlV

        ' 如果找到匹配的水果，将价格复制到Sheet1的C列
        If Not priceCell Is Nothing Then
            fruitCell.Offset(0, 1).Value = priceCell.Offset(0, 1).Value
        Else
            fruitCell.Offset(0, 1).Value = "未找到匹配"
        End If
    Next fruitCell
End Sub
```

请确保按照以下步骤操作：

1. 打开Excel文档。
2. 按下`ALT` + `F11`打开Visual Basic for Applications（VBA）编辑器。
3. 在VBA编辑器中，插入一个新的模块，然后将上述代码粘贴到模块中。
4. 关闭VBA编辑器。
5. 在Excel中按下`ALT` + `F8`打开"宏"对话框，选择名为`MatchFruitPrices`的宏，然后运行它。

这段代码将在Sheet1的C列中查找并返回与Sheet2中相匹配的水果单价。如果找到匹配的水果，它将单价复制到C列，如果没有找到匹配，则在C列中显示"未找到匹配"。记得在运行代码之前备份你的文件，以防意外情况。

图 6-19（续）

步骤 03 复制 ChatGPT 编写的代码，返回 Excel 工作表，打开 VBA 编辑器，插入一个新的模块，在其中粘贴复制的代码，如图 6-20 所示。

步骤 04 运行宏代码，关闭 VBA 编辑器，即可在 Sheet1 工作表中匹配水果单价，结果如图 6-21 所示。

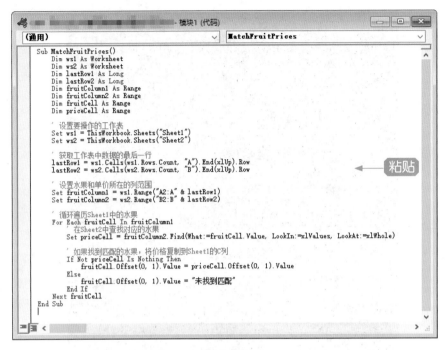

图 6-20

	A	B	C	D
1	水果	单价（元/斤）	数量（斤）	总价（元）
2	苹果	4.5	3.3	14.85
3	草莓	10.5	3	31.5
4	香蕉	2.8	5.8	16.24
5	荔枝	9.8	10	98
6	西瓜	1.2	9.3	11.16

图 6-21

085 用 ChatGPT 编写一对多查询的代码

扫码观看教学视频

用 ChatGPT 编写一对多查询的代码，可以在一个表格范围内查找所有与提供的数值匹配的项。VBA 代码将自动遍历整个表格范围，记录每个匹配项的位置，然后一次性将这些位置进行反馈，帮助用户快速了解数值在表格中的多个位置。下面介绍具体的操作方法。

步骤 01 打开一个工作表，如图 6-22 所示。左边是公司员工资料信息，右边是要查询的表格，需要根据 H2 单元格中输入的学历，在右边的查询表中返回对应的资料信息。

	A	B	C	D	E	F	G	H	I	J	K	L
1	员工编号	学历	姓名	性别	部门	籍贯		请输入学历查询	姓名	性别	部门	籍贯
2	2301001	大专	周美玲	女	业务部	陕西省		大专				
3	2301002	本科	焦涛华	男	财务部	山东省						
4	2301003	本科	程璐	女	销售部	河南省						
5	2301004	硕士	郑小西	男	管理部	广东省						
6	2301005	硕士	鹿月山	男	财务部	湖南省						
7	2301006	大专	常美玲	女	业务部	四川省						
8	2301007	本科	郑州也	男	销售部	四川省						
9	2301008	博士	杜梅	女	工程部	湖南省						
10	2301009	硕士	张张	女	工程部	广东省						
11	2301010	本科	古溪	女	工程部	河南省						
12	2301011	大专	秦子涵	男	工程部	山东省						
13	2301012	大专	黄素文	女	管理部	湖南省						
14	2301013	博士	曹彪	男	管理部	山西省						

图 6-22

步骤 02 打开 ChatGPT 的聊天窗口，在输入框中输入指令"在 Excel 的 Sheet1 工作表中，B 列为查询条件、C:F 列为查询区域，需要编写一段可以一对多查询的 VBA 代码，根据 H2 单元格中输入的查询条件，在 C:F 列中查询满足条件的所有内容，并将满足条件的内容复制到 I:L 列中"。按 Enter 键发送，ChatGPT 即可编写一对多查询的代码，如图 6-23 所示。

图 6-23

步骤 03 复制 ChatGPT 编写的代码，返回 Excel 工作表，打开 VBA 编辑器，插入一个新的模块，在其中粘贴复制的代码，如图 6-24 所示。

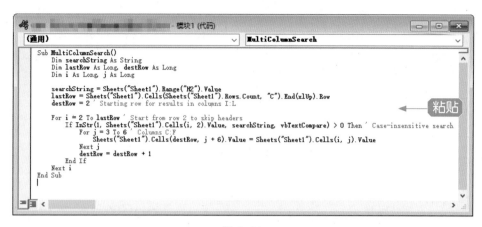

图 6-24

步骤 04 运行宏代码，关闭 VBA 编辑器，即可进行一对多查询，结果如图 6-25 所示。

	A	B	C	D	E	F	G	H	I	J	K	L
1	员工编号	学历	姓名	性别	部门	籍贯		请输入学历查询	姓名	性别	部门	籍贯
2	2301001	大专	周美玲	女	业务部	陕西省		大专	周美玲	女	业务部	陕西省
3	2301002	本科	焦涛华	男	财务部	山东省			常美玲	女	业务部	四川省
4	2301003	本科	程璐	女	销售部	河南省			秦子涵	男	工程部	山东省
5	2301004	硕士	郑小西	男	管理部	广东省			黄素文	女	管理部	湖南省
6	2301005	硕士	鹿月山	男	财务部	湖南省						
7	2301006	大专	常美玲	女	业务部	四川省						
8	2301007	本科	郑州也	男	销售部	四川省						
9	2301008	博士	杜梅	女	工程部	湖南省						
10	2301009	硕士	张张	女	工程部	广东省						
11	2301010	本科	古溪	女	工程部	河南省						
12	2301011	大专	秦子涵	男	工程部	山东省						
13	2301012	大专	黄素文	女	管理部	湖南省						
14	2301013	博士	曹彪	男	管理部	山西省						
15												

图 6-25

086 用 ChatGPT 编写模糊筛选的代码

扫码观看教学视频

模糊筛选数据是指根据特定条件精确筛选或相似筛选数据，并将符合条件的数据提取到另一个地方。用 ChatGPT 编写 VBA 代码，可以在表格中将符合条件的数据筛选出来，帮助用户在大量数据中筛选出需要的部分内容。下面介绍具体的操作方法。

步骤 01 打开一个工作表，如图 6-26 所示。需要在工作表中筛选含有"清洁"或"洗洁"的行数据。

	A	B	C	D
1	产品编号	产品品名	销售数量（件/瓶）	
2	CLEA001	多功能洗洁精	120	
3	CLEA002	清新柠檬洗手液	200	
4	CLEA003	强力厨房清洁剂	80	
5	CLEA004	玻璃清洁喷雾	150	
6	CLEA005	地板清洁拖把	50	
7	CLEA006	衣物去污粉	100	
8	CLEA007	无漂白洗衣液	180	
9	CLEA010	洗碗橡胶手套	130	
10	CLEA011	卫生间清洁刷	120	
11	CLEA012	宠物除毛滚筒	60	
12	CLEA014	可降解垃圾袋	180	
13	CLEA015	车辆内外清洁套装	40	
14	CLEA016	环保竹纤维抹布	300	
15	CLEA017	居家拖鞋	220	
16	CLEA018	瓷砖清洁剂	90	
17	CLEA019	电子产品擦拭布	150	
18	CLEA020	汽车玻璃洗洁剂	70	

Sheet1 +

图 6-26

步骤 02 打开 ChatGPT 的聊天窗口，在输入框中输入指令"在 Excel 的 Sheet1 工作表中，A:C 列为数据表，需要编写一段 VBA 代码，在 B 列中模糊筛选含有'清洁'或'洗洁'的行数据，并将筛选结果复制到 E:G 列中"。按 Enter 键发送，ChatGPT 即可编写模糊筛选的代码，如图 6-27 所示。

图 6-27

```
        If InStr(1, ws.Cells(i, 2).Value, keyword1, vbTextCompare) > 0 Or _
           InStr(1, ws.Cells(i, 2).Value, keyword2, vbTextCompare) > 0 Then
            ' 复制匹配的行数据到E:G列
            ws.Cells(destRow, 5).Value = ws.Cells(i, 1).Value ' 复制A列到E列
            ws.Cells(destRow, 6).Value = ws.Cells(i, 2).Value ' 复制B列到F列
            ws.Cells(destRow, 7).Value = ws.Cells(i, 3).Value ' 复制C列到G列
            destRow = destRow + 1 ' 增加目标行计数
        End If
    Next i
End Sub
```

请注意，在使用这段代码之前，确保已经打开了VBA编辑器（按下`ALT` + `F11`），并将代码粘贴到正确的工作簿的正确工作表中。另外，你需要替换`Sheet1`为你实际的工作表名称。运行这段代码时，它会遍历数据表的每一行，检查B列中是否包含指定的关键字，如果包含，则将该行的数据复制到E:G列。

图 6-27（续）

专家指点

注意，在向 ChatGPT 描述筛选范围时，应精确描述筛选的列或行。例如，本例中筛选范围在 B 列，如果描述的筛选范围为 A:C 列，ChatGPT 容易生成从 A 列进行筛选的代码，因此在描述筛选范围时应精确描述为 B 列。

步骤 03 复制 ChatGPT 编写的代码，返回 Excel 工作表，打开 VBA 编辑器，插入一个新的模块，在其中粘贴复制的代码，如图 6-28 所示。

- 模块1 (代码)

（通用） | FilterAndCopyData

```
Sub FilterAndCopyData()
    Dim ws As Worksheet
    Dim lastRow As Long, destRow As Long
    Dim i As Long
    Dim keyword1 As String, keyword2 As String

    ' 设置关键字
    keyword1 = "清洁"
    keyword2 = "洗洁"

    ' 设置工作表
    Set ws = ThisWorkbook.Sheets("Sheet1")

    ' 获取数据表最后一行
    lastRow = ws.Cells(ws.Rows.Count, "A").End(xlUp).Row

    ' 初始化目标行
    destRow = 1

    ' 循环遍历数据表
    For i = 1 To lastRow
        ' 检查B列中是否包含关键字
        If InStr(1, ws.Cells(i, 2).Value, keyword1, vbTextCompare) > 0 Or _
           InStr(1, ws.Cells(i, 2).Value, keyword2, vbTextCompare) > 0 Then
            ' 复制匹配的行数据到E:G列
            ws.Cells(destRow, 5).Value = ws.Cells(i, 1).Value ' 复制A列到E列
            ws.Cells(destRow, 6).Value = ws.Cells(i, 2).Value ' 复制B列到F列
            ws.Cells(destRow, 7).Value = ws.Cells(i, 3).Value ' 复制C列到G列
            destRow = destRow + 1 ' 增加目标行计数
        End If
    Next i
End Sub
```

粘贴

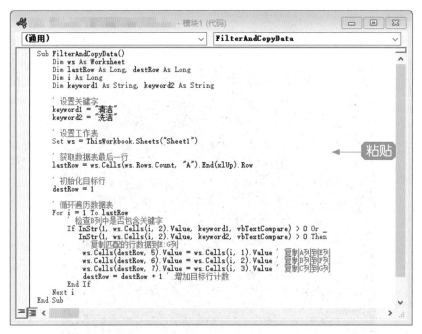

图 6-28

步骤 04 运行宏代码，关闭 VBA 编辑器，即可模糊筛选数据，对筛选出来的数据表进行简单的美化操作，最终效果如图 6-29 所示。

	A	B	C	D	E	F	G
1	产品编号	产品品名	销售数量（件/瓶）		产品编号	产品品名	销售数量（件/瓶）
2	CLEA001	多功能洗洁精	120		CLEA001	多功能洗洁精	120
3	CLEA002	清新柠檬洗手液	200		CLEA003	强力厨房清洁剂	80
4	CLEA003	强力厨房清洁剂	80		CLEA004	玻璃清洁喷雾	150
5	CLEA004	玻璃清洁喷雾	150		CLEA005	地板清洁拖把	50
6	CLEA005	地板清洁拖把	50		CLEA011	卫生间清洁刷	120
7	CLEA006	衣物去污粉	100		CLEA015	车辆内外清洁套装	40
8	CLEA007	无漂白洗衣液	180		CLEA018	瓷砖清洁剂	90
9	CLEA010	洗碗橡胶手套	130		CLEA020	汽车玻璃洗洁剂	70
10	CLEA011	卫生间清洁刷	120				
11	CLEA012	宠物除毛滚筒	60				
12	CLEA014	可降解垃圾袋	180				
13	CLEA015	车辆内外清洁套装	40				
14	CLEA016	环保竹纤维抹布	300				
15	CLEA017	居家拖鞋	220				
16	CLEA018	瓷砖清洁剂	90				
17	CLEA019	电子产品擦拭布	150				
18	CLEA020	汽车玻璃洗洁剂	70				

图 6-29

087 用 ChatGPT 编写单元格颜色筛选的代码

扫码观看教学视频

Excel 中的公式无法直接根据单元格颜色进行数据筛选，但是可以使用 ChatGPT 编写 VBA 代码来遍历单元格并根据颜色进行数据筛选。下面介绍具体的操作方法。

步骤 01 打开一个工作表，如图 6-30 所示。需要筛选有颜色的单元格数据。

	A	B	C	D	E
1	商品编号	商品品名	材质	售卖价格（元）	厂商
2	HOME001	实木餐桌	橡木	1280	家居制造有限公司
3	HOME002	布艺沙发	织物、海绵	2199	舒适家具集团
4	HOME003	玻璃茶几	钢、玻璃	680	现代生活家具
5	HOME004	现代落地灯	金属、布料	420	灯光艺术工作室
6	HOME005	婴儿床	木材、竹纤维	780	小天使婴童用品
7	HOME006	皮质床头柜	皮革、木板	550	豪华家具制造
8	HOME007	不锈钢厨具套装	不锈钢	699	厨艺精品制造
9	HOME008	欧式挂钟	金属、玻璃	180	艺术时光工作室
10	HOME009	地中海风格窗帘	布料	320	窗饰美家公司
11	HOME010	多功能收纳柜	木材、塑料	899	家居实用制造
12	HOME011	花卉刺绣抱枕	织物、棉花	45	创意家纺工作室
13	HOME012	仿古壁灯	铁艺、玻璃	210	古典灯饰公司

图 6-30

步骤 02 在 ChatGPT 聊天窗口的输入框中输入指令"在 Excel 的 Sheet1 工作表中，需要编写一段 VBA 代码，对 A:E 列中有填充颜色的单元格数据进行整行筛选，并保留表头和筛选结果，将不满足条件的数据行隐藏起来"。按 Enter 键发送，ChatGPT 即可编写单元格颜色筛选的代码，如图 6-31 所示。

在Excel的Sheet1工作表中，需要编写一段VBA代码，对A:E列中有填充颜色的单元格数据进行整行筛选，并保留表头和筛选结果，将不满足条件的数据行隐藏起来

你可以使用以下的VBA代码来实现你描述的功能。这段代码会检查A到E列中是否有填充颜色的单元格，如果有，它将保留这些行，并隐藏其它行。

```vba
Sub FilterColoredRows()
    Dim ws As Worksheet
    Dim rng As Range
    Dim lastRow As Long
    Dim cell As Range
    Dim coloredRows As Range
    Dim filterRange As Range

    ' 设置要操作的工作表
    Set ws = ThisWorkbook.Sheets("Sheet1")

    ' 获取工作表中的数据范围
    lastRow = ws.Cells(ws.Rows.Count, "A").End(xlUp).Row
    Set rng = ws.Range("A1:E" & lastRow)

    ' 遍历每个单元格，检查是否有填充颜色
    For Each cell In rng
        If cell.Interior.ColorIndex <> xlNone Then
            If coloredRows Is Nothing Then
                Set coloredRows = cell.EntireRow
            Else
                Set coloredRows = Union(coloredRows, cell.EntireRow)
            End If
        End If
    Next cell

    ' 设置筛选范围，包括表头和有填充颜色的行
    Set filterRange = Union(ws.Rows(1), coloredRows)

    ' 隐藏不在筛选范围内的行
    ws.Rows.Hidden = True
    filterRange.EntireRow.Hidden = False
End Sub
```

图 6-31

步骤 03 复制 ChatGPT 编写的代码，返回 Excel 工作表，打开 VBA 编辑器，插入一个新的模块，在其中粘贴复制的代码，如图 6-32 所示。

步骤 04 运行宏代码，关闭 VBA 编辑器，即可筛选有颜色的单元格数据，结果如图 6-33 所示。

088 用 ChatGPT 编写分列提取数据的代码

用 ChatGPT 编写分列提取数据的代码，可以将包含逗号分隔值的单元格拆分成多个单元格，以便更好地组织数据。代码会自动将逗号

扫码观看教学视频

分隔的值拆分成独立的单元格，并按照用户的要求进行排列，使得数据更易于分析和处理。下面介绍具体的操作方法。

图 6-32

	A	B	C	D	E
1	商品编号	商品品名	材质	售卖价格（元）	厂商
2	HOME001	实木餐桌	橡木	1280	家居制造有限公司
3	HOME002	布艺沙发	织物、海绵	2199	舒适家具集团
7	HOME006	皮质床头柜	皮革、木板	550	豪华家具制造
11	HOME010	多功能收纳柜	木材、塑料	899	家居实用制造
13	HOME012	仿古壁灯	铁艺、玻璃	210	古典灯饰公司

图 6-33

步骤 01 打开一个工作表，如图 6-34 所示。需要将逗号作为分隔符，分列提取 B 列单元格中的数据。

	A	B	C	D	E
1	序号	商品	风格	颜色	材质
2	FURN001	沙发,现代款,蓝色,织物、海绵			
3	FURN002	餐桌,木质风,橡木色,橡木			
4	FURN006	椅子,现代款,褐色,皮革、金属			
5	FURN007	床,欧式,白色,铁艺、织物			
6	FURN004	书架,北欧风格,白色,木材、漆料			
7	FURN003	餐厅椅,木质风,咖啡色,木材、织物			
8	FURN008	布艺床,现代风格,灰色,织物、海绵			
9	FURN009	儿童床,简约风格,蓝色,木材、织物			
10	FURN005	办公桌,现代款,黑色,木板、金属			
11					

图 6-34

步骤 02 在 ChatGPT 聊天窗口的输入框中输入指令"在 Excel 工作表中，需要编写一段 VBA 代码，分列提取 B 列单元格中的内容，以逗号作为分隔符，逗号前面的内容保留在 B 列单元格中、第 1 个逗号后面的内容分列提取至 C 列、第 2 个逗号后面的内容分列提取至 D 列、第 3 个逗号后面的内容分列提取至 E 列，然后根据 A 列中的序号对表格重新进行升序排序"。按 Enter 键发送，ChatGPT 即可编写分列提取并排序的代码，如图 6-35 所示。

图 6-35

步骤 03 复制 ChatGPT 编写的代码，返回 Excel 工作表，打开 VBA 编辑器，插入一个新的模块，在其中粘贴复制的代码，如图 6-36 所示。

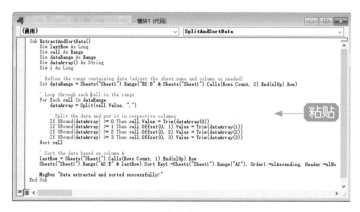

图 6-36

步骤 04 运行宏代码，关闭 VBA 编辑器，即可对表格数据进行分列提取并排序，适当调整表格列宽，最终结果如图 6-37 所示。

	A	B	C	D	E
1	序号	商品	风格	颜色	材质
2	FURN001	沙发	现代款	蓝色	织物、海绵
3	FURN002	餐桌	木质风	橡木色	橡木
4	FURN003	餐厅椅	木质风	咖啡色	木材、织物
5	FURN004	书架	北欧风格	白色	木材、漆料
6	FURN005	办公桌	现代款	黑色	木板、金属
7	FURN006	椅子	现代款	褐色	皮革、金属
8	FURN007	床	欧式	白色	铁艺、织物
9	FURN008	布艺床	现代风格	灰色	织物、海绵
10	FURN009	儿童床	简约风格	蓝色	木材、织物

图 6-37

089 用 ChatGPT 编写数据排序的代码

扫码观看教学视频

在 Excel 中，用户可以使用"排序"功能对数据进行排序，以便更容易查找和比较数据。除此之外，还可以用 ChatGPT 编写数据排序的代码，对需要排序的数据进行自动排序，使工作表按照用户的要求进行排列。下面介绍具体的操作方法。

步骤 01 打开一个工作表，如图 6-38 所示。需要用 VBA 代码按种类对表格中的数据进行排序。

	A	B	C	D	E
1	植物名称	种类	最佳生长环境	适宜季节	
2	玫瑰	花卉	充足阳光、肥沃土壤	春季、秋季	
3	君子兰	室内植物	明亮散射光、湿润环境	全年	
4	紫罗兰	室内植物	半阴湿润、通风良好	秋季、冬季	
5	吊兰	室内植物	阳光充足、适度湿度	全年	
6	郁金香	花卉	充足阳光、疏松排水的土壤	春季	
7	百合	花卉	半阴湿润、排水良好的土壤	春季、夏季	
8	太阳花	花卉	充足阳光、肥沃疏松的土壤	夏季	
9	绿萝	室内植物	明亮但避免强直射阳光、湿润	全年	
10	牡丹	花卉	充足阳光、肥沃排水的土壤	春季	
11	薰衣草	草本植物	充足阳光、疏松排水的土壤	夏季	

图 6-38

步骤 02 在 ChatGPT 聊天窗口的输入框中输入指令"在 Excel 工作表中，需要编写一段 VBA 代码，按 B 列中的种类对 A:D 列中的数据进行排序"。按 Enter 键发送，ChatGPT 即可编写数据排序的代码，如图 6-39 所示。

图 6-39

步骤 03 复制 ChatGPT 编写的代码，返回 Excel 工作表，打开 VBA 编辑器，插入一个新的模块，在其中粘贴复制的代码，如图 6-40 所示。

步骤 04 运行宏代码，关闭 VBA 编辑器，即可对表格数据进行排序，结果如图 6-41 所示。

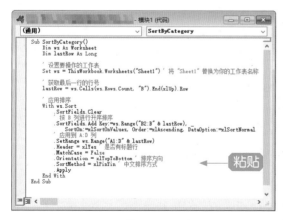

图 6-40

图 6-41

扫码观看教学视频

090 用 ChatGPT 编写多表同时排序的代码

同时对多个表格中的数据进行排序，可以确保数据的一致性，且在进行数据比较时会非常方便。用 ChatGPT 编写多表同时排序的代码，可以使工作表自动根据用户的要求对不同表格中的数据进行排序，使其按照用户的指定顺序排列，从而更方便地比较不同表格中的数据。下面介绍具体的操作方法。

步骤 01 打开一个工作簿，其中包含了 Sheet1 和 Sheet2 两个工作表，如图 6-42 所示。需要编写 VBA 代码按名称对两个工作表同时进行排序，以便更好地进行数据比较和分析。

编号	名称	厂商	材质	价格（元）
SF001	舒适家纺沙发	现代生活家具	布料、海绵	2588
SF002	现代风格沙发	现代生活家具	织物、金属	3200
SF003	皮革豪华沙发	现代生活家具	真皮、弹簧	4980
SF004	小户型沙发	现代生活家具	织物、木板	1680
SF005	地中海风沙发	现代生活家具	木材、棉麻	2850
SF006	简约现代沙发	现代生活家具	织物、不锈钢	1899

编号	名称	厂商	材质	价格（元）
SF001	皮革豪华沙发	家居之选家具	皮革、金属	3180
SF002	舒适家纺沙发	家居之选家具	织物、弹簧	2480
SF003	简约现代沙发	家居之选家具	织物、不锈钢	2299
SF004	现代风格沙发	家居之选家具	织物、海绵	3550
SF005	地中海风沙发	家居之选家具	木材、棉麻	1990
SF006	小户型沙发	家居之选家具	布料、木板	1788

图 6-42

步骤 02 在 ChatGPT 聊天窗口的输入框中输入指令"在 Excel 工作簿中，有 Sheet1 和 Sheet2 两个工作表，表格数据在 A:E 列中，需要编写一段多表同时排序的 VBA 代码，在两个表中按 B 列中的名称对 B:E 列中的数据进行排序"。按 Enter 键发送，ChatGPT 即可编写多表同时排序的代码，如图 6-43 所示。

图 6-43

```
        Set ws2 = ThisWorkbook.Sheets("Sheet2")

        ' Find the last row in each sheet
        lastRow1 = ws1.Cells(ws1.Rows.Count, "B").End(xlUp).Row
        lastRow2 = ws2.Cells(ws2.Rows.Count, "B").End(xlUp).Row

        ' Sort data in Sheet1 based on B column
        ws1.Range("B2:E" & lastRow1).Sort Key1:=ws1.Range("B2:B" & lastRow1), _
                                    Order1:=xlAscending, Header:=xlNo, _
                                    Orientation:=xlSortColumns

        ' Sort data in Sheet2 based on B column
        ws2.Range("B2:E" & lastRow2).Sort Key1:=ws2.Range("B2:B" & lastRow2), _
                                    Order1:=xlAscending, Header:=xlNo, _
                                    Orientation:=xlSortColumns

End Sub
```

图 6-43（续）

步骤 03 复制 ChatGPT 编写的代码，返回 Excel 工作表，打开 VBA 编辑器，插入一个新的模块，在其中粘贴复制的代码，如图 6-44 所示。

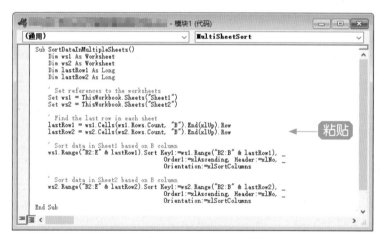

图 6-44

步骤 04 运行宏代码，关闭 VBA 编辑器，即可对两个工作表中的数据同时进行排序，结果如图 6-45 所示。

编号	名称	厂商	材质	价格（元）
SF005	地中海风沙发	现代生活家具	木材、棉麻	2850
SF006	简约现代沙发	现代生活家具	织物、不锈钢	1899
SF003	皮革豪华沙发	现代生活家具	真皮、弹簧	4980
SF001	舒适家纺沙发	现代生活家具	布料、海绵	2588
SF002	现代风格沙发	现代生活家具	织物、金属	3200
SF004	小户型沙发	现代生活家具	织物、木板	1680

编号	名称	厂商	材质	价格（元）
SF005	地中海风沙发	家居之选家具	木材、棉麻	1990
SF003	简约现代沙发	家居之选家具	织物、不锈钢	2299
SF001	皮革豪华沙发	家居之选家具	皮革、金属	3180
SF002	舒适家纺沙发	家居之选家具	织物、弹簧	2480
SF004	现代风格沙发	家居之选家具	织物、海绵	3550
SF006	小户型沙发	家居之选家具	布料、木板	1788

图 6-45

091 用 ChatGPT 编写核查数据差异的代码

扫码观看教学视频

用 ChatGPT 编写核查数据差异的代码，可以帮助用户比较两个数据范围之间的差异。代码会自动遍历两个数据范围，查找匹配的数据，有助于用户发现数据之间的差异和相似之处。下面介绍具体的操作方法。

步骤 01 打开"库存清单 1"和"库存清单 2"两个工作簿，如图 6-46 所示。需要在"库存清单 2"工作簿中用 VBA 代码核查两个工作簿中的数据差异之处。

	库存清单 1					库存清单 2				
产品编号	产品名称	数量	价格（元）	供应商		产品编号	产品名称	数量	价格（元）	供应商
LGT001	现代吊灯	25	680	现代照明有限公司		LGT001	现代吊灯	25	680	现代照明有限公司
LGT002	风格台灯	18	300	风格照明集团		LGT002	风格台灯	18	320	风格照明集团
LGT003	古典壁灯	30	210	古典灯饰公司		LGT003	古典壁灯	30	210	古典灯饰公司
LGT004	玻璃吊灯	15	780	现代照明有限公司		LGT004	玻璃吊灯	15	780	现代照明有限公司
LGT005	太阳能庭院灯	55	45	绿色能源科技公司		LGT005	太阳能庭院灯	50	45	绿色能源科技
LGT006	现代落地灯	22	420	现代照明有限公司		LGT006	现代落地灯	22	420	现代照明有限公司
LGT007	花朵形吸顶灯	12	298	创意照明制造		LGT007	花朵形吸顶灯	12	298	创意照明制造
LGT008	LED节能灯泡	100	10	照明科技有限公司		LGT008	LED节能灯泡	100	10	照明科技有限公司
LGT009	艺术壁灯	8	480	现代照明有限公司		LGT009	艺术壁灯	8	480	现代照明有限公司
LGT010	复古风吊扇灯	5	680	古典灯饰公司		LGT010	复古风吊扇灯	5	680	古典灯饰公司

图 6-46

步骤 02 在 ChatGPT 聊天窗口的输入框中输入指令"写一段简短的 VBA 代码，用于查找'库存清单 1'和'库存清单 2'两个 Excel 工作簿中的数据差异，并将差异单元格用黄色填充"。按 Enter 键发送，ChatGPT 即可编写核查数据差异的代码，如图 6-47 所示。

图 6-47

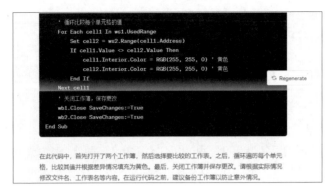

```
    ' 循环比较每个单元格的值
    For Each cell1 In ws1.UsedRange
        Set cell2 = ws2.Range(cell1.Address)
        If cell1.Value <> cell2.Value Then
            cell1.Interior.Color = RGB(255, 255, 0) ' 黄色
            cell2.Interior.Color = RGB(255, 255, 0) ' 黄色
        End If
    Next cell1

    ' 关闭工作簿，保存更改
    wb1.Close SaveChanges:=True
    wb2.Close SaveChanges:=True
End Sub
```

在此代码中，首先打开了两个工作簿，然后选择要比较的工作表。之后，循环遍历每个单元格，比较其值并根据差异情况填充为黄色。最后，关闭工作簿并保存更改。请根据实际情况修改文件名、工作表名等内容，在运行代码之前，建议备份工作簿以防止意外情况。

图 6-47（续）

步骤 03 复制 ChatGPT 编写的代码，返回 Excel 工作表，打开 VBA 编辑器，插入一个新的模块，在其中粘贴复制的代码，如图 6-48 所示。

```
库存清单2.xlsm - 模块1 (代码)
(通用)                                    CompareAndHighlight

Sub CompareAndHighlight()
    Dim wb1 As Workbook
    Dim wb2 As Workbook
    Dim ws1 As Worksheet
    Dim ws2 As Worksheet
    Dim cell1 As Range
    Dim cell2 As Range

    ' 打开工作簿1和工作簿2
    Set wb1 = Workbooks("库存清单1.xlsx")
    Set wb2 = Workbooks("库存清单2.xlsx")

    ' 设定要比较的工作表                        ← 粘贴
    Set ws1 = wb1.Sheets("Sheet1")
    Set ws2 = wb2.Sheets("Sheet1")

    ' 循环比较每个单元格的值
    For Each cell1 In ws1.UsedRange
        Set cell2 = ws2.Range(cell1.Address)
        If cell1.Value <> cell2.Value Then
            cell1.Interior.Color = RGB(255, 255, 0) ' 黄色
            cell2.Interior.Color = RGB(255, 255, 0) ' 黄色
        End If
    Next cell1

    ' 关闭工作簿，保存更改
    wb1.Close SaveChanges:=True
    wb2.Close SaveChanges:=True
End Sub
```

图 6-48

步骤 04 运行宏代码，关闭 VBA 编辑器，即可对两个工作簿中数据差异的单元格进行标黄，结果如图 6-49 所示。

	A	B	C	D	E
1	产品编号	产品名称	数量	价格（元）	供应商
2	LGT001	现代吊灯	25	680	现代照明有限公司
3	LGT002	风格台灯	18	300	风格照明集团
4	LGT003	古典壁灯	30	210	古典灯饰公司
5	LGT004	玻璃吊灯	15	780	现代照明有限公司
6	LGT005	太阳能庭院灯	55	45	绿色能源科技公司
7	LGT006	现代落地灯	22	420	现代照明有限公司
8	LGT007	花朵形吸顶灯	12	298	创意照明制造
9	LGT008	LED节能灯泡	100	10	照明科技有限公司
10	LGT009	艺术壁灯	8	480	现代照明有限公司
11	LGT010	复古风吊扇灯	5	680	古典灯饰公司

库存清单 1

	A	B	C	D	E
1	产品编号	产品名称	数量	价格（元）	供应商
2	LGT001	现代吊灯	25	680	现代照明有限公司
3	LGT002	风格台灯	18	320	风格照明集团
4	LGT003	古典壁灯	30	210	古典灯饰公司
5	LGT004	玻璃吊灯	15	780	现代照明有限公司
6	LGT005	太阳能庭院灯	50	45	绿色能源科技
7	LGT006	现代落地灯	22	420	现代照明有限公司
8	LGT007	花朵形吸顶灯	12	298	创意照明制造
9	LGT008	LED节能灯泡	100	10	照明科技有限公司
10	LGT009	艺术壁灯	8	480	现代照明有限公司
11	LGT010	复古吊扇灯	5	680	古典灯饰公司

库存清单 2

图 6-49

6.3 用 ChatGPT 编写批量操作代码

用 ChatGPT 可以编写用于批量操作的 VBA 代码，如批量插入图片、批量插入空行、批量删除数字以及批量删除座机号等，可以帮助用户在 Excel 工作表中自动化处理大量数据和任务，提高工作效率。

092 用 ChatGPT 编写批量插入图片的代码

用 ChatGPT 编写批量插入图片的代码，可以帮助用户在工作表的
多个位置批量插入图片，从而使数据更具可视化和直观性。下面介绍具体的操作方法。

扫码观看教学视频

步骤 01 打开一个工作表，如图 6-50 所示。需要在 B
列插入 A 列对应的水果图片。

步骤 02 在 ChatGPT 聊天窗口的输入框中输入指令"在
Excel 工作表中，A2:A4 单元格中为水果图片名称，需要编写
一段 VBA 代码，根据 A2:A4 单元格中的名称，将当前工作表
所在文件夹中的图片批量插入到 B2:B4 单元格中"。按 Enter
键发送，ChatGPT 即可编写批量插入图片的代码，如图 6-51
所示。

图 6-50

图 6-51

```
            ' 检查图片文件是否存在
        If Dir(imgPathWithName) <> "" Then
            ' 在B列对应单元格插入图片
            With imgCell.Offset(0, 1) ' B列
                .ColumnWidth = 15 ' 调整列宽适应图片
                .RowHeight = 100 ' 调整行高适应图片
                .Select
                ActiveSheet.Pictures.Insert(imgPathWithName).Select
                With Selection
                    .Left = imgCell.Offset(0, 1).Left
                    .Top = imgCell.Offset(0, 1).Top
                    .Width = 80
                    .Height = 80
                End With
            End With
        End If
    Next imgCell
End Sub
```

请注意，上述代码假定图片名称与单元格中的内容相匹配，图片格式为jpg，并且图片文件位于当前工作表所在文件夹中。你可能需要根据实际情况进行适当的修改。此外，插入图片的大小和位置也可以根据需要进行调整。

图 6-51（续）

步骤 03 复制 ChatGPT 编写的代码，返回 Excel 工作表，打开 VBA 编辑器，插入一个新的模块，在其中粘贴复制的代码，如图 6-52 所示。

步骤 04 运行宏代码，关闭 VBA 编辑器，即可批量插入图片，全选图片并适当调整图片位置，结果如图 6-53 所示。

图 6-52

图 6-53

093 用 ChatGPT 编写隔行插入空行的代码

用 ChatGPT 编写隔行插入空行的代码，可以帮助用户在数据表中

扫码观看教学视频

批量隔行插入空行，以便后续可以更好地组织和分隔数据。下面介绍具体的操作方法。

步骤 01 打开一个工作表，如图 6-54 所示。为了方便查看数据，需要在工作表中隔行插入空行将数据行分隔。

	A	B	C	D
1	产品名称	虚拟型号	价格（元）	特点
2	手机	TechPhone X1	3999	超级薄型设计，强大的处理器和多项功能
3	笔记本电脑	CyberBook S8	5999	超高清显示屏，高性能处理器和长续航电池
4	平板电脑	TabPro Z2	2999	高分辨率显示屏，支持多任务处理和触控笔
5	游戏主机	GameBox 7	2499	极致游戏性能，支持4K游戏和虚拟现实体验
6	无线耳机	SoundWave Pro	799	主动降噪技术，高保真音质
7	智能手表	SmartTime 9	1999	健康监测功能，支持应用扩展和智能通知
8	智能音响	EchoVoice	299	语音控制家居设备，提供音乐播放和智能助手功能
9	4K电视	UltraView 55"	5999	高分辨率图像，支持HDR技术和智能应用
10	相机	PixelLens Z3	8999	全画幅传感器，高速连拍和出色的图像稳定性
11	无线路由器	NetLink AX3000	399	高速的Wi-Fi 6连接，多设备同时稳定使用

图 6-54

步骤 02 在 ChatGPT 聊天窗口的输入框中输入指令"在 Excel 工作表中，第 1 行为表头，第 2 行开始为数据内容，需要编写一段 VBA 代码，从第 3 行开始每隔一行插入空行，空行高度为 10"。按 Enter 键发送，ChatGPT 即可编写隔行插入空行的代码，如图 6-55 所示。

图 6-55

步骤 03 复制 ChatGPT 编写的代码，返回 Excel 工作表，打开 VBA 编辑器，插入一个新的模块，在其中粘贴复制的代码，如图 6-56 所示。

步骤 04 运行宏代码，关闭 VBA 编辑器，即可在工作表中批量插入空行，如图 6-57 所示。

图 6-56

产品名称	虚拟型号	价格（元）	特点
手机	TechPhone X1	3999	超级薄型设计，强大的处理器和多项功能
笔记本电脑	CyberBook S8	5999	超高清显示屏，高性能处理器和长续航电池
平板电脑	TabPro Z2	2999	高分辨率显示屏，支持多任务处理和触控笔
游戏主机	GameBox 7	2499	极致游戏性能，支持4K游戏和虚拟现实体验
无线耳机	SoundWave Pro	799	主动降噪技术，高保真音质
智能手表	SmartTime 9	1999	健康监测功能，支持应用扩展和智能通知
智能音响	EchoVoice	299	语音控制家居设备，提供音乐播放和智能助手功能
4K电视	UltraView 55"	5999	高分辨率图像，支持HDR技术和智能应用
相机	PixelLens Z3	8999	全画幅传感器，高速连拍和出色的图像稳定性
无线路由器	NetLink AX3000	399	高速的Wi-Fi 6连接，多设备同时稳定使用

图 6-57

094 用 ChatGPT 编写批量删除数字的代码

扫码观看教学视频

假设一个工作表中含有一些特殊的数字编码或编号，当需要将这些数字逐一清除时，如果一个单元格一个单元格地删除，则既耗时、又费力，用 ChatGPT 编写批量删除数字的代码，可以帮助用户批量删除指定数据范围中所有的数字，以便于对数据分析和处理。下面介绍具体的操作方法。

步骤 01 打开一个工作表，如图 6-58 所示。需要将 B 列单元格中的数字编号全部删除。

	A	B	C
1	产品名称	产品描述	
2	牛奶	4231 这款牛奶有着浓郁的味道，售价很实惠。	
3	面包	5678 新鲜出炉的面包，柔软可口，售价合理。	
4	水果篮	9012 水果篮中包含多种水果，享受优惠价。	
5	洗衣液	2345 强效去污，清洁效果显著，售价很划算。	
6	笔记本电脑	6789 轻薄便携的笔记本电脑，性能出色。	
7	餐巾纸	3456 高品质的餐巾纸，柔软吸水，价格合适。	
8	蓝牙耳机	7890 无线蓝牙耳机，高音质，附送多种附件。	
9	手机壳	1234 多款手机壳可选，保护手机外壳不受损。	
10	汽车洗涤剂	4567 高效的汽车洗涤剂，去污效果显著。	
11	游戏控制器	8901 多平台兼容的游戏控制器，玩游戏更爽。	

图 6-58

步骤 02 在 ChatGPT 聊天窗口的输入框中输入指令"在 Excel 工作表中，需要编写一段 VBA 代码，将 B 列单元格中的数字全部删除，同时保留单元格中的文本内容"。按 Enter 键发送，ChatGPT 即可编写批量删除数字的代码，如图 6-59 所示。

在Excel工作表中，需要编写一段VBA代码，将B列单元格中的数字全部删除，同时保留单元格中的文本内容

你可以使用以下的VBA代码来实现在Excel工作表中删除B列单元格中的数字，同时保留文本内容：

```vba
Sub 删除B列数字()
    Dim ws As Worksheet
    Dim cell As Range
    Dim text As String
    Dim i As Integer

    ' 设置要操作的工作表
    Set ws = ThisWorkbook.Sheets("Sheet1") ' 将 "Sheet1" 替换为你实际的工作表名

    ' 循环遍历B列的每个单元格
    For Each cell In ws.Range("B1:B" & ws.Cells(ws.Rows.Count, "B").End(xlUp
        text = ""

        ' 提取单元格中的文本内容
        For i = 1 To Len(cell.Value)
            If Not IsNumeric(Mid(cell.Value, i, 1)) Then
                text = text & Mid(cell.Value, i, 1)
            End If
        Next i

        ' 更新单元格的值为文本内容
        cell.Value = text
    Next cell
End Sub
```

图 6-59

步骤 03 复制 ChatGPT 编写的代码，返回 Excel 工作表，打开 VBA 编辑器，插入一个新的模块，在其中粘贴复制的代码，如图 6-60 所示。

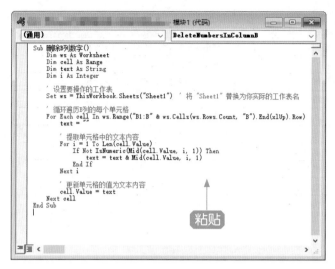

图 6-60

步骤 04 运行宏代码，关闭 VBA 编辑器，即可在工作表中批量删除数字，结果如图 6-61 所示。

	A	B
1	产品名称	产品描述
2	牛奶	这款牛奶有着浓郁的味道，售价很实惠。
3	面包	新鲜出炉的面包，柔软可口，售价合理。
4	水果篮	水果篮中包含多种水果，享受优惠价。
5	洗衣液	强效去污，清洁效果显著，售价很划算。
6	笔记本电脑	轻薄便携的笔记本电脑，性能出色。
7	餐巾纸	高品质的餐巾纸，柔软吸水，价格合适。
8	蓝牙耳机	无线蓝牙耳机，高音质，附送多种附件。
9	手机壳	多款手机壳可选，保护手机外壳不受损。
10	汽车洗涤剂	高效的汽车洗涤剂，去污效果显著。
11	游戏控制器	多平台兼容的游戏控制器，玩游戏更爽。
12		
13		
14		

图 6-61

095 用 ChatGPT 编写批量删除座机号的代码

扫码观看教学视频

在记录客户资料的时候，经常需要登记客户的联系电话，这些号码中可能有座机号，也可能有手机号，当需要在混乱的联系电话中把座机号码去掉，仅保留手机号时，可以通过 ChatGPT 编写的 VBA 代码来进行判断、执行操作。下面介绍具体的操作方法。

步骤 01 打开一个工作表，如图 6-62 所示。需要将 B 列单元格中的座机号全部删除。

	A	B	C	D
1	客户姓名	联系号码	所在公司	公司经营范围
2	张三	010-12345678, 11012345678	ABC 科技公司	软件开发
3	李四	021-23456789, 11098765432	XYZ 技术有限公司	人工智能
4	王五	0755-87654321, 11065432109	EFG 数字科技	数据分析
5	赵六	0731-76543210, 11054321098	LMN 网络科技	互联网营销
6	小红	027-98765432, 11076543210	OPQ 医疗集团	医疗设备
7	小明	020-87654321, 11043210987	RST 餐饮集团	快餐连锁

图 6-62

步骤 02 在 ChatGPT 聊天窗口的输入框中输入指令 "在 Excel 工作表中，座机号有 000-00000000 和 0000-00000000 两种格式，在 B 列单元格中同时包含了座机号和手机号，并用逗号进行分隔，需要编写一段 VBA 代码，将 B 列单元格中的座机号和逗号全部删除，同时保留单元格中的手机号"。按 Enter 键发送，ChatGPT 即可编写批量删除座机号的代码，如图 6-63 所示。

步骤 03 复制 ChatGPT 编写的代码，返回 Excel 工作表，打开 VBA 编辑器，插入一个新的模块，在其中粘贴复制的代码，如图 6-64 所示。

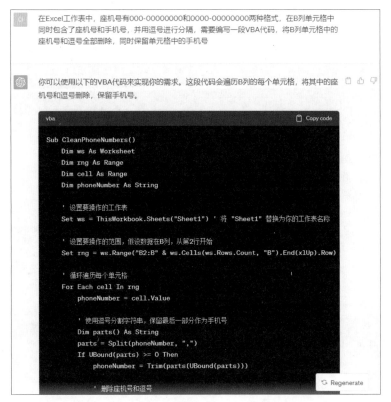

图 6-63

```
                phoneNumber = Replace(phoneNumber, "000-00000000", "")
                phoneNumber = Replace(phoneNumber, "0000-00000000", "")
                phoneNumber = Replace(phoneNumber, ",", "")

                ' 将处理后的手机号写回单元格
                cell.Value = phoneNumber
            End If
        Next cell
End Sub
```

图 6-63（续）

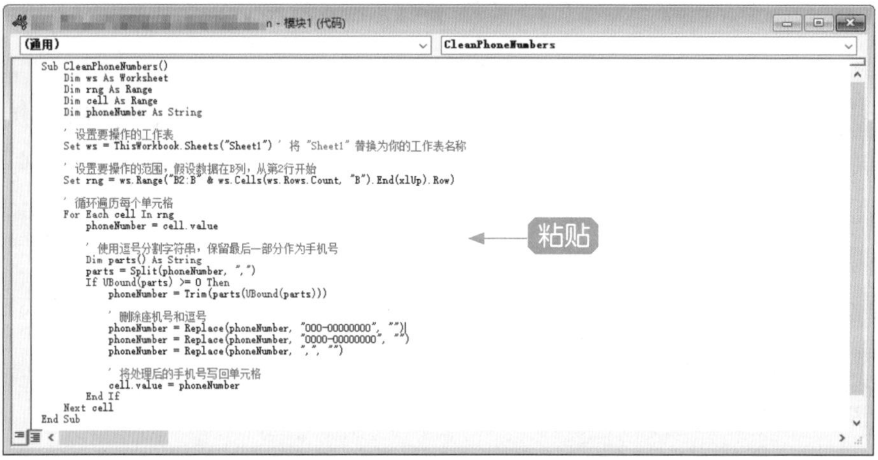

图 6-64

步骤 04 运行宏代码，关闭 VBA 编辑器，即可在工作表中批量删除座机号和逗号，结果如图 6-65 所示。

	A	B	C	D
1	客户姓名	联系号码	所在公司	公司经营范围
2	张三	11012345678	ABC 科技公司	软件开发
3	李四	11098765432	XYZ 技术有限公司	人工智能
4	王五	11065432109	EFG 数字科技	数据分析
5	赵六	11054321098	LMN 网络科技	互联网营销
6	小红	11076543210	OPQ 医疗集团	医疗设备
7	小明	11043210987	RST 餐饮集团	快餐连锁

图 6-65

6.4 用 ChatGPT 编写其他代码

前文介绍了用 ChatGPT 编写拆分、合并、查找、筛选、排序和批量操作等代码。

除此之外，还可以编写数据转置、设置日期格式、创建可视化报表、隐藏数字以及将数据标红等代码。本节将逐一进行介绍。

 096 用 ChatGPT 编写数据转置的代码

扫码观看教学视频

用 ChatGPT 编写数据转置的代码，可以将 Excel 工作表中的行数据转置为列数据，将列数据转置为行数据。下面介绍具体的操作方法。

步骤 01 打开一个工作表，如图 6-66 所示。需要将工作表中的行数据和列数据相互转置。

	A	B	C	D	E
1	城市	北京	上海	广州	成都
2	温度（摄氏度）	28	30	32	26
3	天气	晴	阴	雷阵雨	多云
4	湿度（%）	60	70	75	50
5					

图 6-66

步骤 02 在 ChatGPT 聊天窗口的输入框中输入指令"在 Excel 工作表中，需要编写一段 VBA 代码，将 Sheet1 工作表的 A1:E4 单元格中的行、列数据相互转置，并将转置数据填充至第 6 行的位置"。按 Enter 键发送，ChatGPT 即可编写数据转置的代码，如图 6-67 所示。

图 6-67

```
        ' 设置目标数据范围（从第6行开始）
        Set targetRange = ThisWorkbook.Sheets("Sheet1").Range("A6")

        ' 清空目标数据范围
        targetRange.Resize(numCols, numRows).ClearContents

        ' 将数据进行转置
        For i = 1 To numRows
            For j = 1 To numCols
                targetRange.Offset(j - 1, i - 1).Value = sourceRange.Cells(i, j)
            Next j
        Next i
    End Sub
```

图 6-67（续）

步骤 03 复制 ChatGPT 编写的代码，返回 Excel 工作表，打开 VBA 编辑器，插入一个新的模块，在其中粘贴复制的代码，如图 6-68 所示。

```
- 模块1 (代码)
(通用)                              TransposeData

Sub TransposeData()
    Dim sourceRange As Range
    Dim targetRange As Range
    Dim i As Long, j As Long
    Dim numRows As Long, numCols As Long

    ' 设置源数据范围（A1:E4）
    Set sourceRange = ThisWorkbook.Sheets("Sheet1").Range("A1:E4")

    ' 确定源数据范围的行数和列数
    numRows = sourceRange.Rows.Count
    numCols = sourceRange.Columns.Count

    ' 设置目标数据范围（从第6行开始）
    Set targetRange = ThisWorkbook.Sheets("Sheet1").Range("A6")

    ' 清空目标数据范围
    targetRange.Resize(numCols, numRows).ClearContents

    ' 将数据进行转置
    For i = 1 To numRows
        For j = 1 To numCols
            targetRange.Offset(j - 1, i - 1).Value = sourceRange.Cells(i, j).Value
        Next j
    Next i
End Sub
```

粘贴

图 6-68

步骤 04 运行宏代码，关闭 VBA 编辑器，即可在工作表中将行列数据转置，结果如图 6-69 所示。

097 用 ChatGPT 编写设置日期格式的代码

用 ChatGPT 编写设置日期格式的代码，可以帮助用户对表格中的日期数据进行格式设置，使其呈现一致的日期格式和样式，从而更易于阅读和分析。下面介绍具体的操作方法。

扫码观看教学视频

	A	B	C	D	E
5					
6	城市	温度（摄氏度）	天气	湿度（%）	
7	北京	28	晴	60	
8	上海	30	阴	70	
9	广州	32	雷阵雨	75	
10	成都	26	多云	50	
11					
12					

图 6-69

步骤 01 打开一个工作表，如图 6-70 所示。需要统一设置表格中的日期格式。

	A	B	C	D
1	开始日期	结束日期	项目	备注
2	2023/8/15	08/20/2023	团队年度会议	讨论新战略规划
3	2023年12月3日	12/10/2023	家庭聚会	地点：亲戚家
4	2023/9/30	2023-10-05	项目报告截止	提交项目总结报告
5	2023/7/1	7-Jul-23	新项目启动	分配任务及项目计划
6	25-Nov-23	2023/11/30	旅行计划	目的地：海滨度假胜地

图 6-70

步骤 02 在 ChatGPT 聊天窗口的输入框中输入指令"在 Excel 工作表中，需要编写一段 VBA 代码，将 A2:B6 单元格中的日期格式统一设置为：yyyy 年 mm 月 dd 日"。按 Enter 键发送，ChatGPT 即可编写设置日期格式的代码，如图 6-71 所示。

图 6-71

步骤 03 复制 ChatGPT 编写的代码，返回 Excel 工作表，打开 VBA 编辑器，插入一个新的模块，在其中粘贴复制的代码，如图 6-72 所示。

步骤 04 运行宏代码，关闭 VBA 编辑器，即可在工作表中统一设置日期格式，结果如图 6-73 所示。

图 6-72

开始日期	结束日期	项目	备注
2023年08月15日	2023年08月20日	团队年度会议	讨论新战略规划
2023年12月03日	2023年12月10日	家庭聚会	地点：亲戚家
2023年09月30日	2023年10月05日	项目报告截止	提交项目总结报告
2023年07月01日	2023年07月07日	新项目启动	分配任务及项目计划
2023年11月25日	2023年11月30日	旅行计划	目的地：海滨度假胜地

图 6-73

098 用 ChatGPT 编写创建可视化图表的代码

扫码观看教学视频

用 ChatGPT 编写创建可视化图表的代码，可以帮助用户创建一个可视化工作报表，通过图表和图形呈现数据，使得数据分析更加直观和易于理解。代码会根据指定的数据范围创建图表，如柱状图、折线图等，从而将数据的趋势和关系可视化展示出来。下面介绍具体的操作方法。

步骤 01 打开一个工作表，如图 6-74 所示。需要通过 VBA 代码创建一个柱状图。

地区	销售额/万	占比
华东	256	18%
华北	213	15%
华东	356	26%
中南	249	18%
西南	167	12%
西北	154	11%

图 6-74

步骤 02 在 ChatGPT 聊天窗口的输入框中输入指令"在 Excel 的 Sheet1 工作表中，其中 A 列为地区、B 列为销售额，需要编写一段 VBA 代码，根据 A1:B7 单元格中的数据，在数据表的右侧自动创建一个柱状图，并在图表中显示数据标签"。按 Enter 键发送，ChatGPT 即可编写创建可视化图表的代码，如图 6-75 所示。

图 6-75

步骤 03 复制 ChatGPT 编写的代码，返回 Excel 工作表，打开 VBA 编辑器，插入一个新的模块，在其中粘贴复制的代码，如图 6-76 所示。

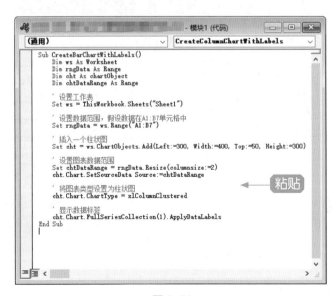

图 6-76

步骤 **04** 运行宏代码，关闭 VBA 编辑器，即可在工作表中创建一个柱状图，结果如图 6-77 所示。

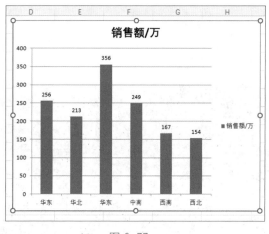

图 6-77

099 用 ChatGPT 编写隐藏数字的代码

扫码观看教学视频

用 ChatGPT 编写隐藏数字的代码，可以帮助用户将一个数据范围中的数字进行隐藏，以防止敏感信息泄露。下面介绍具体的操作方法。

步骤 **01** 打开一个工作表，如图 6-78 所示。需要通过 VBA 代码用 * 符号将订单编号中的数字进行隐藏。

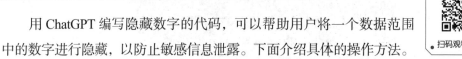

	A	B	C	D	E
1	订单编号	商品名称	单价（元）	数量	总金额（元）
2	202308159001	手机壳	25	3	75
3	202308159002	蓝牙耳机	60	2	120
4	202308159004	洗衣液	18	5	90
5	202308159005	水果篮	90	1	90
6	202308159007	牛奶	12	6	72
7	202308159008	游戏控制器	80	2	160
8	202308159010	汽车洗涤剂	30	4	120
9					

图 6-78

步骤 **02** 在 ChatGPT 聊天窗口的输入框中输入指令"在 Excel 的 Sheet1 工作表中，其中 A 列为数字组成的订单编号，需要编写一段 VBA 代码，在 A 列单元格中用 * 符号对中间的 6 位数字进行隐藏"。按 Enter 键发送，ChatGPT 即可编写隐藏数字的代码，如图 6-79 所示。

图 6-79

步骤 03 复制 ChatGPT 编写的代码，返回 Excel 工作表，打开 VBA 编辑器，插入一个新的模块，在其中粘贴复制的代码，并将 If Len(orderNumber) >= 10 Then 修改为 If Len(orderNumber) >= 12 Then（表示总字符为 12 个）、将 Left(orderNumber, 2) 修改为 Left(orderNumber, 3)（表示从左边第 3 个字符开始）、将 Right(orderNumber, 2) 修改为 Right(orderNumber, 3)（表示在右边第 3 个字符结束），如图 6-80 所示。

图 6-80

步骤 04 运行宏代码，关闭 VBA 编辑器，即可在工作表中隐藏订单编号中的数字，结果如图 6-81 所示。

	A	B	C	D	E
1	订单编号	商品名称	单价（元）	数量	总金额（元）
2	202******001	手机壳	25	3	75
3	202******002	蓝牙耳机	60	2	120
4	202******004	洗衣液	18	5	90
5	202******005	水果篮	90	1	90
6	202******007	牛奶	12	6	72
7	202******008	游戏控制器	80	2	160
8	202******010	汽车洗涤剂	30	4	120
9					
10					
11					
12					
13					

图 6-81

100 用 ChatGPT 编写将数据标红的代码

扫码观看教学视频

用 ChatGPT 编写将数据标红的代码，可以帮助用户快速识别突出显示的特定数据，以便于数据分析和关注。代码会自动根据指定的条件，将满足条件的数据标记为红色，从而使其在表格中更加显眼。下面介绍具体的操作方法。

步骤 01 打开一个工作表，如图 6-82 所示。需要通过 VBA 代码将销量超过 1000 的单元格数据标红。

	A	B	C	D	E
1	序号	商品名称	销量	销售员	销售地点
2	1	手机壳	1200	张三	北京
3	2	蓝牙耳机	900	李四	上海
4	3	餐巾纸	1100	王五	广州
5	4	洗衣液	1050	赵六	成都
6	5	水果篮	980	小红	北京
7	8	游戏控制器	800	小刚	成都
8	9	笔记本电脑	600	小李	北京
9					

图 6-82

步骤 02 在 ChatGPT 聊天窗口的输入框中输入指令"在 Excel 的 Sheet1 工作表中，其中 C 列为销量，需要编写一段 VBA 代码，将销量超过 1000 的单元格数据标红"。按 Enter 键发送，ChatGPT 即可编写将数据标红的代码，如图 6-83 所示。

图 6-83

步骤 03 复制 ChatGPT 编写的代码，返回 Excel 工作表，打开 VBA 编辑器，插入一个新的模块，在其中粘贴复制的代码，如图 6-84 所示。

步骤 04 运行宏代码，关闭 VBA 编辑器，即可在工作表中将销量超过 1000 的数据标红，结果如图 6-85 所示。

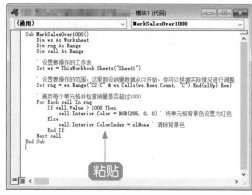

图 6-84

序号	商品名称	销量	销售员	销售地点	
1	手机壳	1200	张三	北京	
2	蓝牙耳机	900	李四	上海	
3	餐巾纸	1100	王五	广州	
4	洗衣液	1050	赵六	成都	
5	水果篮	980	小红	北京	
8	游戏控制器	800	小刚	成都	
9	笔记本电脑	600	小李	北京	

图 6-85

第 **7** 章

综合实战：制作员工工资查询表

学习提示

本章将从零开始介绍员工工资查询表的制作方法，员工工资是企业必须付出的人力成本，也是企业吸引和留住优秀人才的有效途径，因此在制作员工工资查询表时不能出现任何纰漏。必要时，用户可以结合 ChatGPT 计算员工工资，以免计算出错。

本章重点导航

◇ 制作员工工资查询表

◇ 用 ChatGPT 计算员工工资

◇ 用 VBA 代码查询员工工资

7.1 制作员工工资查询表

企业员工的工资通常是由基本工资、福利补贴、绩效奖金、全勤奖金以及加班费等构成。为了避免在计算员工工资时出现差错，在创建员工工资查询表时需要准确输入工资明细数据。除此之外，还需要设置表格格式、添加数据单位等。

101 创建员工工资查询表

创建员工工资查询表，首先需要新建一个空白工作簿，将相关的表头内容输入表格中，包括工号、部门、姓名、职位、加班时长、基本工资、福利补贴、绩效奖金、全勤奖金、加班费、社保代扣以及实发工资等，然后输入对应的员工工资明细数据。下面介绍具体的操作方法。

步骤 01 新建一个空白工作簿，在底部工作表的名称上单击鼠标右键，在弹出的快捷菜单中选择"重命名"命令，将工作表的名称改为"员工工资查询表"，如图 7-1 所示。

步骤 02 在工作表中输入相关的表头内容，结果如图 7-2 所示。

图 7-1

图 7-2

步骤 03 在表头下方输入员工工资明细数据，并调整行高与列宽，结果如图 7-3 所示。

	A	B	C	D	E	F	G	H	I	J	K	L
1	查询											
2	工号	部门	姓名	职位	加班时长	基本工资	福利补贴	绩效奖金	全勤奖金	加班费	社保代扣	实发工资
3	G1001	管理部	赵简	文员	0	3000	1000	200	200		470	
4	G1002	管理部	周小燕	助理	1	3000	1000	200	200		470	
5	G1003	管理部	张晓梅	文员	0	3000	1000	200	200		470	
6	X1004	销售部	向垣	普工	3	2000	800	2680	0		470	
7	X1005	销售部	何墨	普工	0	2000	800	1760	200		470	
8	X1006	销售部	肖潇	普工	0	2000	800	1300			470	
9	X1007	销售部	陈志勇	普工	2	2000	800	2000	200		470	
10	Y1008	业务部	安艺馨	普工	0	2000	800	1430	200		470	
11	Y1009	业务部	罗欣	普工	3.5	2000	800	2300			470	
12	Y1010	业务部	陈珂	普工	2	2000	800	2000	200		470	
13												

图 7-3

102 设置表格格式

扫码观看教学视频

工作表创建完成后，需要对表格格式进行设置，包括字体、表格边框和对齐方式等。下面介绍具体的操作方法。

步骤 01 接例 101 继续操作，❶在工作表的左上角单击鼠标左键，全选整个工作表；在"开始"功能区的"字体"面板中，❷单击"加粗"按钮**B**，将文本内容加粗，如图 7-4 所示。

步骤 02 在"对齐方式"面板中单击"居中"按钮，居中对齐文本，如图 7-5 所示。

图 7-4

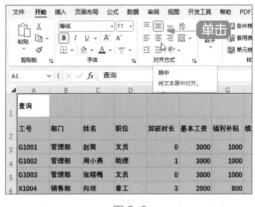

图 7-5

步骤 03 ❶选择第 2 行表头内容；在"对齐方式"面板中，❷单击"顶端对齐"按钮，使表头沿单元格顶端对齐，如图 7-6 所示。

步骤 04 ❶选择 A2:L12 单元格，在"字体"面板中，展开"边框"列表框；❷选择"所有框线"选项，为表格添加边框线，如图 7-7 所示。

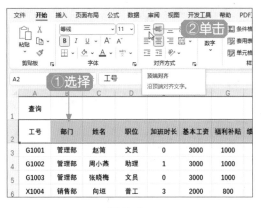
图 7-6

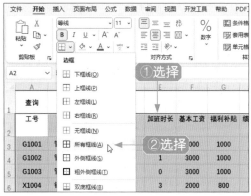
图 7-7

103 添加数据单位

扫码观看教学视频

接下来，需要为加班时长数据和工资奖金等数据添加单位，同时不能影响数据计算。下面介绍具体的操作方法。

步骤 01 接例 102 继续操作，❶选择 E3:E12 单元格，单击鼠标右键，❷在弹出的快捷菜单中选择"设置单元格格式"命令，如图 7-8 所示。

步骤 02 弹出"设置单元格格式"对话框，在"自定义"选项区的"类型"文本框中默认输入了"G/ 通用格式"文本，在文本后方输入单位"小时"，如图 7-9 所示。

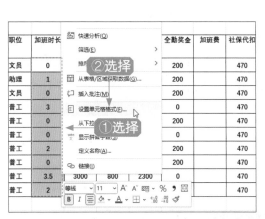
图 7-8

图 7-9

步骤 03 单击"确定"按钮，❶即可为"加班时长"数据添加单位；❷用同样的方法为 F3:L12 单元格区域的数据添加单位"元"，结果如图 7-10 所示。

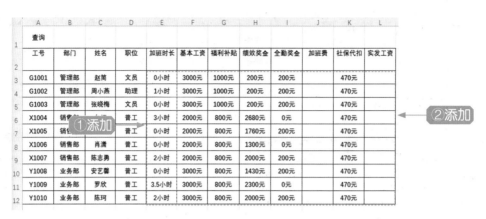

图 7-10

7.2 用 ChatGPT 计算员工工资

在创建的员工工资查询表中，可以结合 ChatGPT 编写计算公式，计算员工的加班费和实发工资。

104 用 ChatGPT 计算加班费

扫码观看教学视频

在员工工资查询表中，假设加班 1 个小时的费用是 100 元，此时用户可以向 ChatGPT 准确描述计算条件，从而获取计算公式，计算员工的加班费。下面介绍具体的操作方法。

步骤 01 接例 103 继续操作，打开 ChatGPT 的聊天窗口，在输入框中输入指令"在 Excel 工作表中，E3:E12 单元格为加班时长数据，需要编写一个计算公式，按 100 元 / 小时计算加班费"。按 Enter 键发送，即可获取 ChatGPT 编写的加班费计算公式，如图 7-11 所示。

图 7-11

步骤 **02** 复制 ChatGPT 编写的计算公式，返回 Excel 工作表，选择 J3:J12 单元格区域，❶在编辑栏中粘贴公式：=E3*100；❷按 Ctrl + Enter 快捷键即可计算各个员工的加班费，如图 7-12 所示。

图 7-12

105 用 ChatGPT 计算实发工资

在员工工资查询表中统计员工工资时，需要汇总基本工资、福利补贴、绩效奖金、全勤奖金以及加班费，还需要扣除公司代缴的社保费用。用户可以通过 ChatGPT 获取计算公式，计算员工的实发工资。下面介绍具体的操作方法。

步骤 **01** 接例 104 继续操作。打开 ChatGPT 的聊天窗口，在输入框中输入指令"在 Excel 工作表中，F3:J12 单元格为基本工资、福利补贴、绩效奖金、全勤奖金以及加班费等数据，K3:K12 单元格为社保代扣数据，需要编写一个计算公式，将基本工资、福利补贴、绩效奖金、全勤奖金以及加班费进行汇总，并且减去社保代扣费用，计算出各个员工的实发工资"。按 Enter 键发送，即可获取 ChatGPT 编写的实发工资计算公式，如图 7-13 所示。

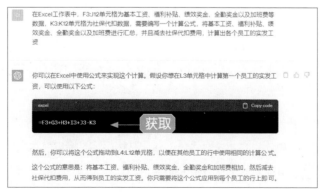

图 7-13

步骤 02 复制 ChatGPT 编写的计算公式,返回 Excel 工作表,选择 L3:L12 单元格,**1**在编辑栏中粘贴公式:=F3+G3+H3+I3+J3-K3;**2**按 Ctrl + Enter 快捷键即可计算各个员工的实发工资,如图 7-14 所示。

工号	部门	姓名	职位	加班时长	基本工资	福利补贴	绩效奖金	全勤奖金	加班费	社保代扣	实发工资
G1001	管理部	赵简	文员	0小时	3000元	1000元	200元	200元	0元	470元	3930元
G1002	管理部	周小燕	助理	1小时	3000元	1000元	200元	200元	100元	470元	4030元
G1003	管理部	张晓梅	文员	0小时	3000元	1000元	200元	200元	0元	470元	3930元
X1004	销售部	向垣	普工	3小时	2000元	800元	2680元	0元	300元	470元	5310元
X1005	销售部	何墨	普工	0小时	2000元	800元	1760元	200元	0元	470元	4290元
X1006	销售部	肖潇	普工	0小时	2000元	800元	1300元	0元	0元	470元	3630元
X1007	销售部	陈志勇	普工	2小时	2000元	800元	2000元	200元	200元	470元	4730元
Y1008	业务部	安艺馨	普工	0小时	3000元	800元	1430元	200元	0元	470元	4960元
Y1009	业务部	罗欣	普工	3.5小时	3000元	800元	2300元	0元	350元	470元	5980元
Y1010	业务部	陈珂	普工	2小时	3000元	800元	2000元	200元	200元	470元	5730元

图 7-14

7.3 用 VBA 代码查询员工工资

在工作表中,用户可以利用 VBA 代码和文本框控件实现自动筛选查询数据,即在文本框中输入员工姓名,工作表即可自动筛选出该员工的工资单。

106 创建查询文本框控件

扫码观看教学视频

在 Excel 中,用户可以绘制文本框控件,通过控件执行宏任务。下面介绍具体的操作方法。

步骤 01 接例 105 继续操作,选择 A2:L2 单元格,在"数据"功能区的"排序和筛选"面板中,单击"筛选"按钮,在表头单元格中添加筛选按钮,如图 7-15 所示。

步骤 02 在"开发工具"功能区的"控件"面板中,**1**单击"插入"下拉按钮;**2**在弹出的列表框中单击"文本框(ActiveX 控件)"图标 abl,如图 7-16 所示。

步骤 03 在 A1 单元格中的文字后面绘制一个文本框控件,如图 7-17 所示。

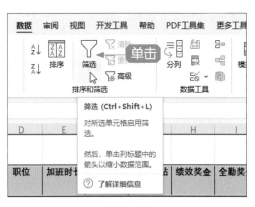
图 7-15

图 7-16

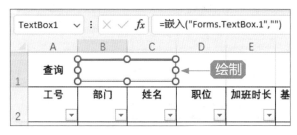
图 7-17

107 录制宏并生成 VBA 代码

在 Excel 工作表中，用户可以通过"录制宏"功能录制执行的命令，然后生成 VBA 代码。下面介绍具体的操作方法。

扫码观看教学视频

步骤 01 接例 106 继续操作，在"开发工具"功能区的"代码"面板中，单击"录制宏"按钮，如图 7-18 所示。弹出"录制宏"对话框，单击"确定"按钮即可开始录制执行的命令。

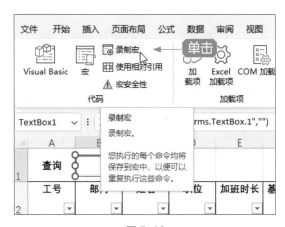
图 7-18

步骤 02 ❶单击 C2 单元格中的下拉按钮，弹出列表框，在搜索文本框中，❷输入员工姓名，这里输入"赵简"，按 Enter 键确认，如图 7-19 所示。

步骤 03 在功能区单击"停止录制"按钮，停止录制，打开 VBA 编辑器，在模块 1 中可以查看生成的 VBA 代码，如图 7-20 所示。

图 7-19

图 7-20

108 运行宏并查询员工工资

扫码观看教学视频

在例 107 中生成的 VBA 代码还不能直接运行，需要将代码复制到 Sheet1（员工工资查询表）的模块中，并对代码中的搜索内容进行修改，使其运行时不受限制。下面介绍具体的操作方法。

步骤 01 接例 107 继续操作，复制模块 1 中的代码，在"工程"资源管理器中双击"Sheet1（员工工资查询表）"选项，❶在弹出的模块中单击"通用"下拉按钮，在弹出的下拉列表框中，❷选择 TextBox1 选项，如图 7-21 所示。

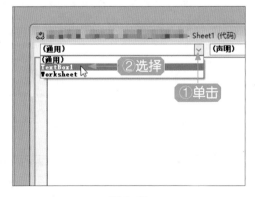

图 7-21

步骤 02 执行操作后，即可自动生成开头代码和结尾代码。在空白行粘贴代码，删除多余的代码并修改搜索内容："*" & TextBox1 & "*"，结果如图 7-22 所示。

图 7-22

步骤 03 运行宏并退出 VBA 编辑器，❶在文本框控件中输入员工姓名，这里输入"何墨"；❷即可快速查询该员工的工资明细，如图 7-23 所示。至此，即可完成员工工资查询表的制作。

图 7-23